健康事典

为孩子做
健康饮品

王安琪 吴佩禧 陈巧明◎著

江苏美术出版社

CONTENTS

CHAPTER 1
认识你的小宝贝：0～1 岁

CHAPTER 2
认识你的小宝贝：1～3 岁

自制饮品的优点 1·2·3

　　市面上的饮料五花八门，消费者有许多选择与尝试的机会，而且现代的爸爸妈妈们每天疲于工作，可能不禁要问，是否真的需要卷起袖子来自己煮茶、打果汁牛奶给孩子喝呢？如果你知道坊间饮品为了卖相好而添加了色素、为了可以延长保存期而添加化学物，以及为了让孩子们爱不释口而多加了糖分，也许对于自制饮品的好处就有那么一点动心了。

　　其实自制饮品的好处还不只如此而已，我们还可以通过饮品帮孩子补充营养素，像是不喜欢吃蔬菜水果的孩子们可以给他们喝蔬果汁，或者是加牛奶打成调味乳，可以补充钙质等，不一而足，以下就让我们为爸爸妈妈们细说自制饮品的好处。

Good 1

不含人工甜味、色素的纯天然饮料

　　你知道吗？如果在泡绿茶的时候，想要达到市售绿茶的甜度，糖的比例要将近饮料容量的近五分之一！而厂商为了成本考量，在原料上自然会更换为更浓缩的人工甜味剂来让绿茶更"好喝"，刺激消费者的味蕾。由此可知，市售饮料为了提高接受度，是会在饮料中加入许多讨好大众口味的人工添加剂的，如上述的人工甜味剂，还有为了让饮料看起来颜色更好看的色素等，已经是饮料的"原料"之一了。

　　如果是自己制作自己要喝的饮料呢？我们当然是要选用天然、新鲜的食材来制作。所以自制饮料最大的好处，就是可以喝到完全无人工化学添加剂的饮料，不但喝得安心，也喝得健康。从自制饮料中所摄取的都是来自自然食材的营养素，也可以适当加入少许糖或蜂蜜调味，避免过多的糖分产生过剩的热量而造成肥胖困扰。所以喝自制饮料才是真正喝进纯天然营养素的饮料，对身体也才能真正发挥它的好处，因为"天然的，尚好"。

巧妙加入小朋友排斥的食物

许多孩子都有喜欢吃肉，不喜欢吃蔬菜的偏食问题，这也是爸爸妈妈为孩子们伤脑筋的一大课题，但我们常见的是父母过度心急地矫正或强迫孩子进食，只会让孩子更加厌恶和抗拒去吃那个他讨厌的食物，长久下来，对于正值成长需求旺盛的孩子们来说，就会产生营养不均衡甚至是缺乏的问题。所以我们可以通过自制饮料，把孩子们不喜欢的食物气味加以巧妙的掩饰或是抵消，让他们可以摄取到容易缺乏的营养素，甚至渐渐习惯食物的味道，修正偏食的问题。

本书所介绍的自制饮料除了同时考量孩子们的接受度与对他们这个年龄层最有帮助的营养需求之外，更将对身体有诸多好处的营养素收纳进来，如：有益眼睛的食材（如草莓、番茄、蔓越莓等）、益脑食物（如啤酒酵母、葡萄干、核桃、芝麻、松子等）、调整肠胃功能的食材（如酸奶、木瓜、谷片、香蕉、柳橙等）。相信常喝自制饮料的孩子们一定可以身体壮壮，健康成长哦！

调整体质，增强免疫力

生活环境的不良因素，像是空气污染、水污染、外食过油过咸、生活压力大等，都会降低我们的免疫力。有些地区，目前就有儿童发生气喘的病例日益增加的趋势，不免令人担忧在不良的环境下生活，要是身体的免疫力无法有效发挥功效，那孩子们感冒生病的概率就会居高不下了。然而，大环境的掌控权不在我们手上，为了孩子好，只能从自身改善生活饮食的品质开始，为孩子们打造一个良好的体质，这样才能为他们储蓄未来的健康资本！

书中搜集了许多有益于调整体质的饮品食谱，像是含有番茄碱，有抑制细菌与消炎作用的番茄所制作的"番茄梅活菌饮"；含多糖类物质，可抗病毒，使人体具免疫性的甘蔗所制作的"甘蔗鲜奶"；含有浓缩单宁酸，可避免细菌黏附在细胞上的蔓越莓所制作的"蔓越冰沙漂浮"；还有含有特殊天然抗生素，对肺部有滋养功效，抑制呼吸道疾病等的羊奶所制作的"紫米红豆羊奶"，都是我们要推荐给孩子们的优良饮品，它们不光能帮助孩子健康成长，而且营养与美味满分，你一定要试试看。

用饮品快速为孩子补充营养素

　　饮料的好处是容易入口，不需经过咀嚼就可以将营养喝到小肚肚里。虽然以营养学的观点而言，应该多训练宝宝口腔咀嚼的能力，而笔者亦非常赞同，但是平常在宝宝饮食中加入适量新鲜营养的饮料，并不会对婴幼儿造成负面的影响，反而会因为父母制作一杯充满爱心的饮料，可以增加他想喝的欲望。

　　相反，有时候年纪小的宝宝可能因为口腔炎或是其他的疾病而无法正常进食，这个时候若将需要咀嚼的食物先经过搅拌或研磨后成为泥状或液状再给孩子摄取，正可以减缓他口腔的疼痛感。于是，本书针对 4 个月～6 岁的婴幼儿，以及 7～12 岁的学龄儿童的成长发育需要来设计营养饮品，帮助孩子长得更茁壮、更聪明！

1. 书中饮品怎么喝

　　本书虽然依各年龄层发育状况而设计适合的饮品，但 3～6 岁的孩子也可以饮用 4 个月～3 岁所示范的饮品，而 1～3 岁的宝宝亦可以享用 4～12 个月的饮品，以此推之。但是并不建议给 1 岁以下的小宝贝太过于复杂的饮料，因为宝宝肠胃刚开始接触新的副食品，若一下子给予太多或过于复杂的食材，都可能造成身体不适的现象，所以必须秉持简单的原则循序渐进。在提供综合果汁之前，务必先个别给予单项的纯果汁，宝宝适应后，才能将宝宝已适应的果汁混合在一起供应。

　　此外，由于 1 岁前的宝宝尚以牛奶为主食，所以其他饮品的给予务必少量渐进添加，但碍于少量食材不方便操作，所以制作完成的饮品若超过小宝贝应该饮用的量，不要浪费，可以给家人或自己喝，同时达到养颜美容及保健的功效哦！

2. 喝饮品的好时机

　　两餐之间是最适合给予饮品的时间，应避免在正餐时间给予，以免影响正餐食欲。尤其当宝宝满 1 岁开始，喝奶的量和次数开始减少，正式进入了少量多餐的阶段，所以当宝宝吃完午饭没多久，肚子又开始觉得饿了，此时不妨准备饮品给宝宝，同时亦可以搭配 2～3 片的苏打饼干哦！

　　孩子满 1 岁开始，肠胃和内脏器官渐趋成熟，对于食物也逐渐有了适应能力。有的宝宝会在这个阶段出现厌奶的症状，其实父母不妨趁此机会亲手制作饮品，一方面利用多样化的食材和口味来引起宝贝的注意，另一方面也可以借此机会给宝宝补足营养。容易产生饱足感的饮料最好在饭后给予，例如：木瓜香蕉酸奶、鳄梨可尔必思；而可以帮助开胃的饮料，例如：西瓜柳橙汁、稀释柳橙汁等酸性饮料，则可以在饭前 1 小时给予，但分量不宜过多。

3. 0～6岁的宝宝需补充多少水分

除了牛奶外，凡是汤、水、饮品等都算是水分，而宝宝每天需要摄取多少水分才足够呢？大约是体重的1/10就足够了，若宝宝体重为10公斤，则每天需摄取1000毫升的水量，希望每个宝宝都可以做得到，但若喝不到那么多水也不要勉强哦！

4. 给宝贝的健康提醒

所有的乳制饮品都需冷藏保鲜，离开冷藏的时间不可超过30分钟，因为乳制品的温度只要上升1℃，细菌就会以倍数成长。当父母制作饮品给小宝贝喝时，所添加的乳制品会因为与其他材料混合而使冰凉的温度升高，且食材搅打的过程中，因为摩擦生热也会使饮品温度升高，所以乳制饮品容易变质，最好现打现喝，以避免污染及细菌过度增生。

酸奶的渗透压较高，且肾溶质含量亦较高，容易造成宝宝肠胃及肾脏功能的负担，所以建议满1岁以后的宝宝才可以食用。此外，乳脂肪对于孩子脑部的发育非常重要，所以一般建议2岁以前的婴幼儿不要使用低脂或脱脂的牛奶，以免必需的脂肪酸不足，影响脑部的发育及脂溶性维生素的吸收。

另外，书中使用多种坚果类，如芝麻、花生、核桃等，是因为坚果营养丰富，但是坚果中某些成分易造成小孩过敏，所以对于有遗传性过敏体质的孩子，最好3岁以后再食用。此外，坚果不易消化，对于肠道功能不好的孩子，也不建议摄取过量。

5. 最好避免咖啡因

市面上销售许多含咖啡因的饮料，例如：咖啡、茶和可乐。长期摄取含咖啡因的饮料，可能引起的后遗症包括脾气暴躁、睡眠不安稳以及情绪亢奋等症状，所以建议尽量别让家中孩子太早接触含咖啡因的饮品，以免过分依赖而无法戒除。尤其是3岁以内的幼儿特别不建议喝茶，因为茶叶中含有鞣酸，会干扰身体对蛋白质及钙、铁的吸收，影响发育。绿茶属于保健饮品，未发酵绿茶的咖啡因含量非常低，远远低于红茶的1/3，较大的孩子可适量饮用。1杯纯绿茶约含20毫克的咖啡因，加拿大对各年龄层儿童的咖啡因每天摄取量建议如下：4～6岁不超过45毫克，7～9岁不超过62.5毫克，10～12岁不超过85毫克。

6. 冰凉的饮料影响肠胃健康

炎炎夏日的高温，的确会让人整天只想吹冷气、喝冰凉的饮料，尤其当孩子进入便利商店，看到五颜六色、图案鲜艳可爱的饮料包装，就会吵着要喝，但太冰的饮料很容易影响消化道功能，且若一下子喝太多，马上出去在高温下暴晒，在冷热交替下很容易感冒。这时候建议父母制作一些适合长时间冷藏的饮品放于冰箱冰镇，并且刻意增加浓度，等到孩子嘴馋想喝的时候，将冰镇的饮料加入等比例的室温开水，这时饮料的温度就不至于那么冰凉了。

帮助孩子成长发育的营养素

营养素	功　　效	
糖类	糖类是人体主要的能量来源，储存于肝脏、肌肉和血液中，可帮助调节脂肪和蛋白质代谢的功能，也是大脑中枢神经的重要养分、能量来源，可提高学习力与记忆力。 糖类中的乳糖停留在肠道的时间较长，有助于肠内有益菌丛的生长，同时促进肠道有益菌丛在肠道内合成B族维生素和维生素K的能力。 ☆ 山药、小麦、糙米、苹果、甘蔗	活化脑力　增强抵抗力　加强记忆力 提高学习力
脂肪	主要功用是提供热能，以及保护身体器官、血管及神经系统的安全。所提供的亚麻油酸及花生四烯酸是脑细胞发育需要的重要物质，严重缺乏时会造成学习力降低、免疫功能缺失、生长发育迟缓等现象。 ☆ 鲜奶、羊奶、核桃、花生、松子	活化脑力　增强抵抗力　加强记忆力 提高学习力
蛋白质	蛋白质是构成生物体最重要的化合物，主要功用在于构成新细胞、维持身体组织正常运作、调节身体机能、构成抗体抵抗细菌侵入，并提供热量的来源。 ☆ 鲜奶、酸奶、小麦胚芽、杏仁、黄豆	增长肌肉　增强抵抗力　气色红润
维生素A	可增强对抗呼吸道疾病的防御能力、保护眼睛、维持视力、增进皮肤光滑细致，亦可促进骨骼和牙齿的生长发育，且抗氧化效果佳，可增强宝宝的体力及脑力。 ☆ 胡萝卜、芒果、木瓜、南瓜、番茄	强化骨骼　活化脑力　增强抵抗力 提高学习力　保护眼睛　气色红润
维生素B$_1$	可维持大脑、神经、肌肉和心脏正常发育及运作的营养素，亦可安心宁神、帮助肠胃道正常消化和蠕动、增进注意力集中及提高记忆力。 ☆ 芝麻、糙米、燕麦、红豆、薏仁	预防便秘　增长肌肉　活化脑力 安定情绪　加强记忆力　提高学习力
维生素B$_2$	促进皮肤、指甲和毛发的细胞再生，预防动脉硬化并强化视力。 ☆ 鲜奶、羊奶、酸奶、小麦草、芹菜	增长肌肉　保护眼睛
维生素B$_6$	维生素B$_6$在体内可以促进蛋白质代谢、帮助制造抗体以及红细胞，它可以舒缓不安烦躁的心情，让孩子的情绪缓和并充满活力。 ☆ 百合、薏仁、核桃、蜂蜜	增长肌肉　安定情绪　增强抵抗力 气色红润
维生素B$_{12}$	维生素B$_{12}$与叶酸共同作用以制造红细胞，长期缺乏容易造成贫血、头痛、疲倦的症状，足量的摄取可以提高宝宝的记忆力及学习力，亦可促进肌肉与骨骼的生长。 ☆ 鲜奶、羊奶	增长肌肉　强化骨骼　安定情绪 加强记忆力　提高学习力　气色红润
维生素C	维生素C可帮助吸收铁质增添好气色，亦有促进伤口愈合、增强宝宝的抵抗力及帮助骨骼生长的优点，同时可保护大脑细胞不受自由基的伤害，进而提高记忆力和学习力。 ☆ 柳橙、草莓、樱桃、番石榴、猕猴桃	强化骨骼　活化脑力　增强抵抗力 加强记忆力　提高学习力　气色红润
维生素D	可帮助钙、磷的吸收与运用，促进宝宝骨骼与牙齿正常的发育，并可维持神经、肌肉生理功能正常运作。 ☆ 鲜奶、羊奶、酸奶	增长肌肉　强化骨骼　活化脑力

营养素	功效			
维生素 E	为抗氧化营养素，可以加强宝宝大脑的集中力、注意力，提高活动力和学习欲望，亦可延缓细胞老化、增加免疫细胞活性。 ☆ 鳄梨、黄豆、黑豆、核桃、芝麻	活化脑力	增强抵抗力	加强记忆力 提高学习力
维生素 K	可以帮助宝宝的骨骼、肌肉健康成长，并且加速伤口的血液凝固能力，避免血流不止。 ☆ 小麦草、黄豆、圆白菜	增长肌肉	强化骨骼	
钙	是构成骨骼与牙齿的主要成分，亦可调节心跳及肌肉的收缩能力。 ☆ 鲜奶、酸奶、南瓜、黄豆、芝麻	增长肌肉	强化骨骼	活化脑力
泛酸	泛酸可在体内制造抗体，帮助宝宝增强抵抗力，促进宝宝皮肤及血管的健康，让宝宝感觉精力充沛。 ☆ 小麦胚芽、松子、花生、糙米	增强抵抗力	提高学习力	气色红润
生物素	生物素是脂肪和蛋白质代谢的重要功臣，也是维持宝宝肌肉、骨骼、皮肤、毛发、神经组织正常生长发育的必需营养素。 ☆ 鲜奶、羊奶、哈密瓜、菠萝、西瓜	增长肌肉	强化骨骼	活化脑力
铁	铁可促进身体新陈代谢，帮助生长，预防贫血及提高血液中的含氧量，让大脑随时保持清醒。 ☆ 芹菜、蜜枣、黑豆、燕麦、芦笋	增长肌肉 增强抵抗力	强化骨骼 提高学习力	活化脑力 气色红润
锌	可促进免疫功能及骨骼生长发育。 ☆ 小麦胚芽、牛奶、芝麻、南瓜籽	强化骨骼	增强抵抗力	
镁	可促进新陈代谢、骨骼发育，并稳定孩子情绪。 ☆ 香蕉、杏仁、绿豆、可可粉、糙米	增长肌肉	强化骨骼	安定情绪
锰	可维持脑部正常功能、加强记忆力，并稳定孩子情绪。 ☆ 莴笋、蓝莓、菠萝、姜、花生	活化脑力	安定情绪	加强记忆力
烟碱酸	烟碱酸即维生素 B_3，属于 B 族维生素家族的一分子，可以维持皮肤、神经、大脑和消化系统的正常运作，让孩子心情轻松愉快。 ☆ 小麦胚芽、绿豆、芝麻、薏仁、糙米	活化脑力	安定情绪	增强抵抗力
叶酸	可促进正常红细胞的再生，即预防贫血，同时也可以让宝贝的肌肤看起来红润又健康、促进神经细胞的发育。 ☆ 胡萝卜、南瓜、红豆、香蕉	活化脑力	安定情绪	气色红润

以上为孩子成长发育中所需补充的营养素，此外，若夏季气候闷热难耐，容易使宝宝缺乏胃口，可利用清凉镇定的食材，如冬瓜、杨桃制作饮品，或以气泡矿泉水取代含糖量高的汽水，来解除宝宝的烦躁哭闹。冬天时，可利用补气的中药材（如人参）及祛寒活血的姜制作饮品，以促进身体新陈代谢，达到保暖御寒的功效，若担心宝宝无法接受中药材味道，可加入适量糖调味，增加宝宝想喝的意愿，同时可利用加热饮品来增加身体的热量，达到暖身的效果。

提升免疫力的好食物

柑橘类水果

重要性：

柳橙、橘子、椪柑、柠檬、葡萄柚、金桔等，普遍具有低脂、高纤及高维生素 C 的特性，所含的维生素 C 具有抗氧化效果，可减少游离基对细胞的伤害，防止癌症产生，增强免疫力。

小叮咛：

皮、肉间的薄膜或白色筋络不要去除，虽稍具苦味，但营养素多，建议与果肉一起食用。

葡萄

重要性：

含有丰富的水分、葡萄糖、维生素 C、果酸、柠檬酸、苹果酸等有益成分，也含有天然的多酚类，具有能活化淋巴球的功能。中医认为葡萄能补血、帮助消化，也具有排毒功效。

小叮咛：

皮虽稍具涩味，但营养素多，建议与果肉一起食用。

番茄

重要性：

含有多种抗氧化强效因子，如番茄红素、胡萝卜素、维生素 C 与维生素 E，不仅能保护视力、使细胞不受伤害，还能修补受损的细胞，并有抑制细菌、清热解毒的作用。

小叮咛：

不管是生吃还是烹煮，可以加入少量的橄榄油，帮助溶出更多的番茄红素！清洗时可用牙刷轻刷，去除灰尘。

草莓

重要性：

含丰富的维生素 C，可让身体制造干扰素，抑制病毒生长分裂，也能减少病菌侵袭，进而增强抗病力。每人每天只要食用 6～8 颗，就能获得一天所需的维生素 C。

小叮咛：

需用流动水冲洗干净后，再拔除蒂头，以免不干净的物质通过蒂头处进入草莓内部。

花椰菜

重要性：

花椰菜含丰富含硫化合物及纤维，具有净化血液、预防癌症、帮助消化、排除肠内废物、促进排便顺畅的功效。

小叮咛：

选购时要注意花蕾需结实无空隙，白花椰菜（菜花）颜色洁白，绿花椰菜（西兰花）颜色翠绿，而切口处愈湿润愈新鲜。

菠菜

重要性：
菠菜含有丰富的维生素 A、维生素 B、维生素 C、β–胡萝卜素、叶酸及矿物质铁、钾、钙、磷等，对于便秘、贫血有特殊疗效。其中维生素 A、叶酸可预防癌症、心脏病，铁可预防贫血，钾可帮助维持细胞的电解质平衡。

小叮咛：
购买时要选择叶片有光泽、茎粗根完整者，买回后将根部泡水或是用浸湿的报纸包裹，根部朝下，直立在冰箱冷藏，约可保存 2 天。

黄豆

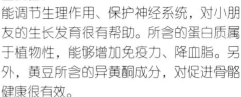

重要性：
能调节生理作用、保护神经系统，对小朋友的生长发育很有帮助。所含的蛋白质属于植物性，能够增加免疫力、降血脂。另外，黄豆所含的异黄酮成分，对促进骨骼健康很有效。

小叮咛：
黄豆制品包罗万象，一般来说，不需特别注意摄取量，就能从日常饮食中获得黄豆的营养。

南瓜

重要性：
南瓜中维生素 A、维生素 B_1、维生素 C 含量非常丰富。维生素 A、维生素 B_1 可以保养眼睛及稳定神经，β–胡萝卜素能防止自由基损害身体细胞，另外，还可以强化血管，并有保护肝脏、肾脏的功能。中医则认为，南瓜性温味甘，有补中益气、止咳消痰的好处，多食有益。

小叮咛：
选购时要注意外形完整、没有变色，且蒂已经干枯的，这时果肉已成熟，甜度较高。建议连同外皮一起烹调，可以摄取到更完整的营养素。

菇蕈类

重要性：
含有多糖体，可提高细胞吞噬病菌的能力，进而增加抗病力；多糖体还可增强淋巴细胞的活性，提升身体的免疫机能。另外，菇蕈类普遍含有一种天然的抗菌素，能杜绝病菌对身体产生危害。菇蕈类含有丰富 B 族维生素，也是缓解压力、舒缓心情的好帮手。

小叮咛：
菇蕈的种类很多，烹调时请尽量缩短时间，可保留较多营养素。

重要性：
所含营养素能治疗夜盲症、预防便秘、降血压。尤其维生素 A 可转化成 β–胡萝卜素，能够排除体内的自由基，就能减少罹患癌症的概率，还能保护皮肤及黏膜组织，增强抵抗病菌的能力，对呼吸道的保健有不错的功效。

胡萝卜

小叮咛：
烹调时必须搭配油脂，才能让身体有效吸收维生素 A。去外皮时，则愈薄愈好，因为皮下的营养素也很丰富。

怎么办！孩子生病了！

"怎么办？孩子生病了！"看着他苍白、不舒服的小脸，每个父母的心都揪在一起了，甚至希望自己能代替孩子生这场病。

反过来想，生病是身体向外界发射警讯的方式，发觉孩子生理的不舒服，反而能让父母觉察到孩子的身体状况是否出了问题，并赶紧寻求治疗及改善方法。只要父母愿意花点时间了解小朋友的保健常识，就可以轻松做好简单的护理动作，但若状况仍然无法改善，建议要带孩子上医院诊疗哦！

孩子生病了吗？

年纪还小的孩子往往不懂得如何用言语表达身体上的不舒服，因此，"哭"是孩子最常表达的方式。除了哭之外，家长们还能从哪里看出孩子生病了呢？

活动力下降：本来好动的孩子，突然变得浑身懒洋洋、反应变慢。

食欲突然大幅下降：不想吃东西，活动量也变少。

嗜睡：平常不爱睡觉，却一整天都昏昏沉沉。

腹泻：突然肚子痛和拉肚子，或是大便有血和黏液。

皮肤出现疹子：淋巴处或全身出现疹子。

呼吸急促：呼吸声变大或呼吸急促、喘不过气。

持续咳嗽：咳嗽咳不停，或是流鼻水。

突然抽筋：发烧或没有发烧时都要注意。

呕吐：连续性地呕吐，或是撞了头之后呕吐。

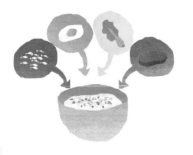

孩子生病时的饮食照顾原则

尽管所患病症不同，但基本疾病照顾饮食原则是相同的。要特别提出来的是，由于此时期的小朋友肠胃较弱，初期料理多以流质、半流质食物，像米汤、菜汤、粥等为主。此外，食物中易缺乏蛋白质、维生素及矿物质的摄取，家长要记得多补充营养价值高的食物，像在粥里添加肉末、菜末、小鱼、鸡蛋等，补充热量之余，也补充营养素。

清淡饮食：孩子生病时肠胃正虚弱，不好消化和刺激性的食物都要避免。最好是吃些具有热量及营养的米汤、大骨汤，有助于肠胃休息、恢复体力。

少量多餐：生病期间一来食欲会减退、二来睡眠时间增多，孩子的进食量突然大减，家长们可以采取少量多餐的方式，选择高营养价值的食物，为孩子补足需要的营养。

补充水分：拉肚子或发烧、流汗时，身体会大量流失水分，加上水分可以稀释痰液，也能减轻感冒症状，因此即使孩子的食欲不振，水分却不可少。

谢绝进补：小朋友和成人不论生理、病理各方面都不一样，因此不能用成人的方法为孩子进补。尤其中药材和西药同时服用时，部分会产生不良的作用。例如当归和阿司匹林一起食用时，会增加出血的机会。所以父母帮孩子进补时要避开生病期间。另外，若平常想帮孩子进补，增强抵抗力，进补前，一定要先请中医诊断孩子的体质，并且询问进补的方法和用量，才不会使原来的问题没解决，又补出新问题来。

寻求专业协助：父母常为不知道该为孩子选择中医或西医而困扰。重点是看对了医生，都能得到很好的医治。举例来说，西医在过敏性鼻炎、气喘、皮肤炎等病症急性发作时，因为会使用抗组织胺或类固醇等药物，情况能得到较快的改善，至于长期下来想要改善体质，则可以找中医针对孩子的体质来做调理。

训练孩子吞药丸或喝药水：6岁前的小朋友还不太会吞药丸，因此父母多会请医生将药丸磨成药粉。但这其中是有风险的。第一，不同药丸磨成粉末时，磨药机上多少会残留少许粉末，有可能把不是给小朋友的药或是不同时间用药的粉末混在一起；第二，药粉的称重方式和药丸不同，可能在分药时产生误差。所以最好还是及早训练孩子学会吞药，或是请医生尽量开药水的处方签。同时孩子在服药时，一定要有大人在旁监督，在幼儿园时则由老师代为监督。

幼儿常见病症的预防与简易照护

！感冒

当小宝贝学会翻身时，就很容易因熟睡后踢被子，所以宝宝2岁以前尽量穿着连身衣裤，或是为宝宝加一件肚围，可预防因为踢被子而使肚脐外露所导致的风寒。轻微感冒的症状包括打喷嚏、鼻塞、流鼻水、咳嗽和食欲不振，严重者会导致呕吐、腹泻、发烧或并发肺炎。所以平时可以制作含丰富胡萝卜素的饮品（如胡萝卜汁、苹果汁）给小宝贝饮用，有助于鼻腔、喉咙及肺的黏膜组织健康。也可以在早晨起床后给小宝贝喝温热的羊奶、杏仁奶或豆奶，温热的饮料有助于暖胃且使身体暖和。

！呕吐

小儿呕吐的情况最容易发生在晕车、感冒发烧、过度饮食，或是食物太大块无法顺利下咽的时候。当幼儿因晕车而呕吐时，大人应该帮助他顺利将呕吐物吐出，方式是让幼儿头部朝下，大人轻拍其背部，同时可以在肚脐上涂抹少量万金油等清凉剂，并且以画圆的方式稍加按摩腹部以及脖子两侧的动脉跳动处。

幼儿如果因感冒咳嗽而容易呕吐，饮食上要尽量少吃多餐，避免胃部食物太多使腹压上升，刺激呕吐反应，此外，尽量避免给幼儿吃一些很脆的饼干或薯片及较粗糙的食物，以免刺激喉咙引发咳嗽而容易呕吐。呕吐后暂时不要喂食，让肠胃道休息 1 个小时后可再补充一些点心。

！腹泻

腹泻发生的原因包括饮用不干净的食物或水源、过度喂食造成腹胀、感冒发烧引起的症状、长牙、换奶、情绪起伏影响肠胃蠕动等，轻微腹泻会造成宝宝的粪便较稀、排便次数密集而且粪便不成型；严重腹泻则会出现发烧、脱水、昏厥的现象，或是伴随腹绞痛。当小宝贝发生腹泻时，除了遵照医生指示按时服药外，还必须让孩子的肠胃获得充分的休息，并且给予足够的水分，以补充因为腹泻而流失的水分和电解质。如果小宝贝发生严重腹泻且胃口不佳，建议妈妈购买电解液，或对半稀释运动饮料，来补充流失的电解质，可改善小宝贝的精神与体力。

虽然小宝贝的体重会因此而暂时减轻，但是不必太担心。在腹泻期间只要给予白稀饭、白吐司、苏打饼干和水分，当腹泻症状还未完全停止之前，也尽量不要给予配方奶，非不得已时，请将配方奶冲淡，如此可以减缓肠胃消化吸收的沉重负担，进而改善腹泻的症状。如果腹泻超过一星期，妈妈最好改使用无乳糖奶粉或豆奶配方奶，来补充小宝贝的营养，避免长期稀释配方奶导致营养不良。

！吐奶

出生不到 4 个月的宝宝最容易吐奶，当小宝贝发生吐奶时，大人应先将他的头部侧向一边，让呕吐物能够顺利流出，再来是利用干净的手帕或毛巾套住食指，伸入婴儿的口腔清理呕吐物，然后再给宝宝喝一点温开水，可以清洁口腔及食道上残留的奶渣，宝宝就会感到舒服而不易哭闹。

吐奶时最害怕奶水由食道逆流至气管造成呛奶，呛奶量大时，会造成气管堵塞、呼吸困难，会发生缺氧危及性命；呛奶量少时，亦可能直接吸入肺部深处造成吸入性肺炎。所以父母面对刚出生的婴儿，最重要的是观察婴儿喝奶时，以及喝奶后的 1 个小时。每次喝完奶后也要确定婴儿打了饱嗝之后，再将他放入婴儿床内，同时建议以头高脚低的侧躺方式代替平躺或是趴睡。若吐奶情况未随着婴儿的成长而改善，不妨考虑更换低溢奶配方奶粉，可以有效改善婴儿吐奶症状。

! 便秘

便秘的状况最容易发生在水分摄取不足及纤维摄取不够的宝宝身上，1岁以前的宝宝因为无法表达口渴，所以妈妈务必定期给孩子喝水，以免孩子水分摄取不足。有些宝宝不肯喝水，其实是1岁以前的宝宝，口腔黏膜对温度特别敏感，若妈妈给的开水没事先温热至口温，宝宝就会觉得刺激不舒服而不愿意喝水。有些妈妈为了让孩子多喝一点水，在水中添加葡萄糖，这样会过度刺激宝宝的味蕾，使宝宝习惯甜食，不仅日后对开水的接受度降低，对宝宝牙齿的发育亦有负面的影响。

1～3岁的孩子，由于牙齿的咀嚼力尚不完全，有时会有纤维摄取不足的现象发生，此时妈妈可以费心制作一些高纤维的饮品，如香蕉奶昔、木瓜牛奶，来帮助孩子软便。养成良好的如厕习惯更是改善便秘的关键，妈妈最好在每天固定的时间，就是刚吃完早餐后15分钟，鼓励宝宝坐到小马桶上便便，宝宝刚开始也许还会哭闹或到处跑，但你可以告诉他，不便便肚子会痛痛，那就要看医生哦！等过了一段时间宝宝就会习惯坐到马桶上便便了。

饮品外的水分补给！

小宝贝生病了，父母的心情是既难过又紧张，不仅担心他没胃口，更担心他体力消耗过度，此时若因要照顾宝宝而无法自制饮品，不妨以市售水、运动饮料快速补充孩子所流失的水分。

海洋深层水： 与人体细胞的渗透压相等之水，含丰富矿物质，容易被人体细胞吸收利用，当小宝贝因感冒或严重腹泻时，不妨以海洋深层水来冲奶或是补充额外的水分。

运动饮料： 属于高渗透压饮料，具有补充电解质的功能，但是市售运动饮料糖分颇高，所以建议加入等比例的温开水再饮用，当宝宝发烧或腹泻时，可以补充小宝贝体内的电解质、舒缓感冒所引起的肌肉酸痛症状，也不至于摄取过多糖分。

蒸馏水： 经过蒸馏、过滤后无杂质的纯水，是宝宝外出时担心水土不服的最佳饮用水。但蒸馏水缺少水中应有的矿物质，不可以长期饮用，以免体内因矿物质不平衡而导致成长障碍。

矿泉水： 来自于大地自然涌出的泉水所制成，是无杂质，含少许矿物质的水，不过要购买知名品牌且合格的水以确保安全性，平时亦可取代白开水泡奶给宝宝饮用。

葡萄糖电解质液： 当小宝贝有腹泻症状时，可先请教医生是否需要补充口服葡萄糖电解质液，以补充严重流失的水分及平衡体内电解质，可在两顿牛奶餐之间给予即可，药店、小儿科诊所或医院均有售。

替心爱的宝贝制作饮料之前，应该先准备以下常用器具，而且每次使用完毕后务必清洗干净，倒扣自然阴干或是以厨房纸巾擦拭干净，再将器具妥善放置于小孩拿不到的地方，以免小宝贝当做玩具来玩，造成安全上的威胁，所以确保器具的清洁卫生是制作爱心饮料的第一步哦！

果汁机

能将材料快速搅打均匀，是制作饮品的好帮手，而所搅打的材料必须含有水分，以便果汁机中形成漩涡状水流，将材料卷至钢刀处打碎，同时可避免果汁机马达空转，延长使用寿命。

水果刀、削皮器、剪刀

水果刀和菜刀必须分开使用，如此可以避免菜肉的味道与水果互相沾染。削皮器是用以削除苹果、梨等水果的表皮，削皮器的刀片部分也需以百洁布仔细清洗，以免滋生细菌。处理少量生菜叶时，可利用剪刀快速剪碎，不需要再使用砧板与菜刀。

清洁刷、海绵百洁布

宝宝专用的餐具清洁刷多为全海绵式与海绵刷毛兼具的两种，建议选购不易刮伤器具的全海绵式材质清洁刷，因海绵具较佳伸缩功能，容易清洗干净奶瓶与杯子底部。为了卫生考量，建议勤加更换清洁刷，以免细菌残留。

准备一块清洗制作饮料器具的专用清洁布，可以避免食物的味道和细菌残留；也可以再准备一块百洁布，专门清洁蔬果表皮的农药残留物。

砧板

准备木质砧板与塑料砧板各一块，木头材质适合处理生食，因为木头的组织有毛细孔，会吸收食材多余的气味及水分，而塑料材质适合处理熟食。

榨汁机

有些蔬果的粗纤维含量较高，较不易消化且会刮伤肠胃，所以须用榨汁机将粗纤维与汁液分开，以获得纯净的蔬果汁。

电动搅拌机

可以快速将食材（如蜜枣、甜李）搅打成泥状。

汤匙、滤网

用来刮出软质水果如猕猴桃的果肉，务必选择不锈钢汤匙，因为其厚度较一般陶瓷汤匙薄，且比塑料汤匙厚，较容易刮取果肉。

通过滤网的孔洞，可将饮品中的粗纤维或杂质与汁液分开，建议购买孔洞较细密的滤网使用。

挤汁机

适合压挤含水分高的柑橘类水果，如柠檬、柳橙。

LESSON 2 材料篇

市售调配饮品

包括鲜奶、羊奶、酸奶、养乐多、豆浆、米浆等，选购时一定要注意制造日期与保存期限，通常放货架上后方的制造日期比较近，新鲜度可能比较高。买回家后要尽快放入冷藏，制作前一刻再取出，使用其制作完成的饮品，放置室温不要超过 30 分钟，以免细菌滋生导致饮用后使肠胃不舒服。

五谷杂粮

红豆、绿豆、坚果类、五谷米等杂粮，在超市、杂粮店、传统市场、有机食品店都可买到。建议购买真空包装或少量小包装。拆封后冷藏保存，并尽量在一个月内用完。

新鲜蔬菜水果

蔬果汁所使用的蔬菜由于为生食，建议购买有机种植的芽菜类和莴笋类蔬菜，不易有农药残留的问题。而预防水果农药残留的最佳方式即去皮后使用；若是连皮制作的水果，则务必以海绵百洁布将表皮搓洗干净，或是将水果浸泡于加盐的清水中约 10 分钟（清水∶盐 = 500 毫升∶2 克）。同时为了卫生安全起见，建议在制作饮品之前，蔬果仍以大量的清水洗净，最后一次冲洗必须使用冷开水，以避免生水中的细菌残留。

由于水果容易氧化，建议制作饮品时能秉持现做现喝的原则，营养才不容易流失。而大部分的蔬菜都是直立生长，若空间许可，建议以直立式放入冰箱储存，可延长蔬菜的寿命。短时间不食用或剩余的蔬菜，先不要清洗，用保鲜膜或塑料袋密封，使蔬菜水分不易流失，再视蔬菜种类存放冷藏室 2～7 天。

香草及中药材

★香草：干燥的香草要避免阳光直射，并放干燥处，使其不受潮；新鲜的香草洗净沥干水分后，装入塑料袋或密封袋，冷藏保存。

★中药材：干性药材若有受潮发霉现象或湿性药材有黏手情形，不要购买；多数干性药材可长期保存，但仍建议向店家询问正确的保存期限，以免过期或丧失药效。湿性药材较易发霉，封好后可放冰箱侧门保存。

糖品

★细砂糖：是经过精致分解后所获得的甜度很高的白糖；适量使用可以提升食物的美味。

★红糖：含有丰富营养素及助消化的蔗糖酵素，性温和，可补血益气、强健脾胃。

★冰糖：是结晶而成的糖，属性温和，具有润肺止咳、补中益气的功效，市面上有售细颗粒状的冰糖，使用起来更方便。

★果糖：不太容易受口腔微生物的分解与聚合影响，所以食用后产生蛀牙的概率比起细砂糖来得低。但每天摄取量亦不可过多，以免产生体重过重的小胖子。

★有机寡糖：特性是低糖、低热量，营养价值高，能增加体内的比菲德氏益菌。

★蜂蜜：是天然的碱性食物，有安五脏、润肠通便的功效。

★枫糖：是加拿大著名的特产，味道香甜，且营养价值高，具有开胃润肺的功效。

★焦糖：以红砂糖加水，以小火煮呈糖浆状，有一种特别的糖香，而且自己做的也比较放心。

CHAPTER 1

认识你的小宝贝：0~1岁

这个阶段的宝宝在饮食上以牛奶为主、
副食品为辅，并且讲求营养均衡，
从开始学习认人、辨识声音、
熟悉环境到发出正确清晰的"爸爸"和"妈妈"，
每一个阶段都值得记录和喝彩，
由于每个孩子的发育状况略有差异，
父母此时应该放开胸襟，
多花点时间陪着宝宝一步步成长。

4~6 ❤ 开始会爬行与翻滚

开始进入会随意翻身的阶段，也会使用双肘撑起上半身，当父母拉着他的双手，他会借力使劲坐起来，渐渐的可以不倚靠身旁的物品而独立稳坐不倾斜。这个阶段并不需要急着让他学习站立，因为宝宝的双脚尚未发育完全，亦不要长时间坐着，最好的办法是给他一个安全的平面空间，让他自由自在翻滚。这个时期照顾宝宝的安全性也要相对提高，婴儿床的高度需调整至低位，以免高位的婴儿床有跌落之虞。

4~6 ❤ 对周遭的事物感到好奇

可以认得熟悉的人、事、物，对新的东西感到好奇，喜欢被抱着的感觉，此时父母应该多和宝宝讲话，因为他很喜欢父母慈爱温暖的语调，给他十足的安全感。而且喜欢父母和他一起玩游戏，包括随意哼唱的儿歌或是绕口令；并开始展现好奇心，想要探索奇妙的世界，此时应该多带宝宝外出散步接触大自然，尽量避免成天将他们放在学步车或是婴儿床内。建议家长们暂时不要带宝宝到人潮拥挤的大卖场或百货公司，主要是复杂的人群容易传染疾病，同时亦可能因为人潮过多，以致宝宝看得头昏眼花，反而导致夜晚不易入眠。当然也不要忘记给他足够的休息时间，毕竟这个阶段的宝宝仍然需要充足的睡眠来帮助他健康成长。

4~6 ❤ 熟悉与依赖熟识的亲人

宝宝对于身旁照顾他的人已经非常的熟悉和依赖，但是对于偶尔出现的人或是陌生人却会表现害怕，表现的方式是一直盯着对方的脸孔。若宝宝接收到的信息是非善意的，他就会突然间号啕大哭；若对方的脸色非常友善，宝宝也会不吝于给予一个笑容。

4~6 ❤ 手脚夸张摆动引人注意

宝宝的眼睛和耳朵逐渐发育成熟，对声音特别敏感，喜欢看着镜中的自己，懂得以手脚夸张的摆动来引起旁人的注意。成长快的宝宝已经开始发出一些母音"a、e"，虽然意义不甚明显，但是他会找到一种表达自我情绪的声调，来告知大家他的反应。此时可以多让宝宝聆听童谣、古典乐、钢琴或其他悦耳乐器所发出的声音，借以刺激宝宝的听力和对于音乐的敏感度。

4~6 ❤ 喝奶后应轻拍宝宝背部

刚出生的宝宝由于胃与食道括约肌——贲门尚未完全发育成熟，喝奶之后很容易发生食道逆流的现象，因此要避免喂奶后摇晃宝宝，以免吐奶。同时因为宝宝喝奶时可能会吸入空气至胃部，容易导致腹部产生胀气的问题，所以父母在喂奶之后应在宝宝的背部由下往上拍出空气，拍的时候并拢五指且手心拱起成山形，拍的力量不可太重，拍的时间约 5~6 分钟。宝宝不一定每一餐都会打嗝，尤其现代的奶瓶越来越进步，只要没有喝入大量的空气就不一定打嗝，喝母奶的宝宝也比较不易打嗝，通常拍背的动作需等到满 10 个月起至周岁左右，内脏器官发育成熟时则可以停止。

6～9 ♥ 习惯将物品往嘴巴塞

宝宝的手脚发育得更健全了，开始学习手脚并用的爬行方式，特别喜欢往高处爬，这是因为他想看得更远，此时父母务必留意宝宝的安全。此外，宝宝亦会习惯将物品放入嘴巴，小手也好奇地到处摸，所以家中任何尖锐的刀、牙签、电风扇、插座或是会产热的家电用品等，都需谨慎放置妥当。

6～9 ♥ 宝宝开始长牙了

宝宝从6个月开始陆续长牙，先长上下两排乳门齿共4颗，接着是上下第一乳臼齿，再来是乳犬齿，最后长上下第二乳臼齿，共20颗乳齿。长牙阶段的宝宝嘴巴特别馋，又容易流口水，所以父母须随时准备干净的围兜替换，同时在用餐前务必将宝宝的双手洗干净，因为他习惯以双手抓取食物食用。老一辈经常表示长牙阶段的宝宝容易发烧腹泻，这是因为此阶段的婴幼儿来自于母体内的抗体日渐减少，如果环境脏乱且玩具不干净，抗体逐渐减少的宝宝就容易因感染而发烧腹泻。所以，此时需特别注意居家的环境清洁，孩子的玩具应时常清洗，以免宝宝将脏玩具放入嘴中，造成肠胃不适或腹泻。

6～9 ♥ 懂得表达情绪的时期

宝宝会明确发出声音和表情来表示他的情绪，喜欢玩色彩鲜艳或会发出声音的玩具。父母喂食宝贝时，可向他解释今天的菜色、营养和吃饭的目的，培养他喜欢吃饭的好习惯。此时宝宝亦特别喜欢随着电视或是CD传来的音乐舞动身体和双手，但是却也渐渐展现出有个性的一面，会表示喜恶，尤其当父母希望他戒掉吃安抚奶嘴的习惯时，反而会引起他不安的情绪，而表现得特别的难缠。最好的办法是一开始就不给予安抚奶嘴，当宝宝情绪不安时，改以熟悉温暖的声调和轻柔拍抚来使宝宝安定。

6～9 ♥ 准备断奶瓶

宝宝的身体器官渐趋成熟，肠胃消化系统已经发展至可以摄取更多丰富的食物，此时可以渐渐减少喝奶的次数，而将他的用餐习惯调整至与大人相同，也就是吃饭为主、喝奶为辅的方式。刚开始也许不容易做到，但父母多花些心思调配好吃的副食品，即可引起宝宝的食欲和好胃口。此外，为了让小宝宝学习控制手和嘴的协调能力，并且早一点让小宝宝戒除以奶嘴喝奶的习惯，建议可开始使用四合一练习杯，帮助他的牙齿发育整齐，也有益于其增强清晰的语言表达能力。

9～12 ♥ 轻松学习健康成长

宝宝开始想要学习扶着桌边行走，手脚的协调能力也明显进步了许多，可以自己抓着奶瓶喝奶，会开始对于手部抓与放的动作有兴趣，此时可以和他玩丢球与滚球的游戏，让他多接触手脑并用的运动。宝宝喜欢可爱的玩偶，也会将书报杂志及纸张撕毁，还不太懂得自己的玩具与别人的玩具之间的分别，以至于常会去抢别人的玩具。而父母这时应开始培养宝宝有关安全和危险的意识，也可以多花些时间陪着他一起玩拼图、积木，教他高和矮、大和小、圆和方、多和少以及黑和白的差别。但是在教导宝宝认识符号的过程中应该表现得轻松有趣，而不要冀望他们会记得，重要的是与他相处的时间都是欢乐而没有压力的。

9～12 ♥ 开始知道家人的称谓

开始熟悉家人称谓，例如：谁是爷爷、奶奶、哥哥、姐姐，父母也会隐隐约约听到宝宝在叫你，但不是很清楚，通常会先叫出身边熟悉的爸妈，也曾经有研究表示：之所以叫"妈妈"，来自于宝宝想吃东西时会自然发出"ma ma"，会误以为是在叫身边的妈妈。

9～12 ♥ 家有好奇宝宝

开始知道眼、耳、鼻、嘴和眉毛的位置，并喜欢大人将他抱在腿上看图文并茂的童书，更喜欢观赏水族箱里的鱼儿，并对于天上飞的、地上爬的动物感兴趣。此时可以多让宝宝穿着袜子在安全的地上爬行，如此可以培养他未来展现热情、好学以及平易近人的特质；也可以开始培养宝宝乖乖坐在饭桌上与家人共餐的习惯。此阶段的宝宝学习欲望开始展露，父母应该把握这个黄金时期，满足宝宝的好奇心，尽可能每天带他散步，可以从日常生活中学习新知。

9～12 ♥ 开始用棉花棒为宝宝洁牙

宝宝的大脑语言学习区正快速发展，这时父母将发现他牙牙学语的能力进步神速，同时平衡感也日益形成，有的宝宝很快就学会放手走路，但有些宝宝却还无法独立行走，父母对此不需太着急，毕竟每个人的成长状况略有差异。由于牙齿已经陆续长出来，所以父母就要开始费心地替宝宝以棉花棒洁牙，同时避免睡前吃甜食。

9～12 ♥ 避免边看电视边用餐

有的宝宝咀嚼能力并不好，因此吃饭时间总是拖得很久，此时就要多花些时间教他咀嚼食物的正确方式，同时避免边吃饭边看电视或玩玩具，如此可以让他少分心，养成专心用餐的习惯。

为 0-1 岁宝宝制作饮品请注意

观察宝宝饮用的反应

满 1 岁前的宝宝肠胃特别敏感,所以从宝宝开始接受副食品时,就应该特别注意容器的卫生和食物的新鲜,刚开始先选择最不会产生过敏的柳橙和苹果制作饮品,最好选定一种水果,在持续给予 3 天后,若没有不良反应再慢慢发展至其他种类的水果。

♥ 满 4 个月

当小宝贝满 4 个月时,就可以给予稀释的饮品,然后观察他皮肤和粪便的情况,给予的最佳时机是在宝宝身体健康的时候。若宝宝在喝了果汁后的 1 ~ 2 小时起了小红斑点或排便呈现拉稀的状态,就要暂停饮用,若不食用后状况仍然未改善,就需立刻带至医院诊疗。

♥ 满 6 个月

当小宝贝满 6 个月时,就可以给予未加稀释的果汁,这个阶段除了继续观察皮肤和粪便的情况之外,也要特别慎选水果,父母千万别认为宝宝已经具有适应水果的能力,就给予口感太强烈的品种,例如:榴梿、荔枝、芒果等,最好的水果仍然是温和的苹果、柳橙、梨等。同时给予的时间最好是在白天,以便于当小宝贝出现不适应的症状时,父母仍有足够的时间寻求医生协助。

♥ 满 8 个月

当小宝贝满 8 个月时,就可以给予两种以上水果混合的果汁,口味也可以有更多变化。因为这个时期的宝宝已经接触了不少的副食品,包括稀饭、高汤、肉泥和菜泥,所以父母更要特别用心制作美味的果汁来吸引小宝贝的兴趣,补足所欠缺的营养素。

果汁过滤后有助于宝宝消化

4 ~ 5 个月大的小宝贝所饮用的果汁,都需要将果肉及粗纤维滤除,有助于宝宝尚未发育完全的肠胃道进行消化,同时也可以避免蔬果的果肉卡在奶嘴的孔洞,影响宝宝喝的意愿。当宝宝长大至 6 ~ 7 个月时,则需依照宝宝的发育状况以及水果的种类来决定是否要过滤,例如木瓜、鳄梨这类水果搅打后,其果肉已经完全和水分融合,则没有过滤的必要,但是其浓稠度则以调整至偏稀的状态为好。

奶瓶与奶嘴的选择

给宝宝使用的奶瓶有"玻璃"、"塑料"两种材质，但塑料奶瓶在消毒杀菌时不适合煮太久。通常玻璃奶瓶适合给刚出生至 3 个月大的宝宝使用，因为这个时期的消毒环节特别重要，而且小宝贝尚未学会自行握取奶瓶，都是由家人喂食，所以没有掉落破裂之虑。而奶瓶的装盛容量应该以小宝贝的食量而定，刚出生的小宝贝食量不大，所以可以使用 120 ~ 140 毫升的奶瓶，待食量增加之后再转换成 200 ~ 250 毫升的奶瓶即可，且最好同时准备 3 ~ 4 个奶瓶来替换。

奶嘴孔洞有两种——圆孔、十字孔，都有孔洞大小之分，若孩子吸吮力差，则可选择孔洞较大的圆孔奶嘴，让奶水自然流出，孩子吸食较不费力；若孩子吸吮力较佳，则可选择孔洞较小的十字孔奶嘴，较不易呛到或吸入空气；由于各品牌适用月龄有些微差距，建议依照标示购买。根据笔者的育儿经验，小圆孔奶嘴适合给宝宝喝水和纯净果汁的时候使用，因为流出的量可以被控制，这是因为小宝贝喝水较容易呛到。十字孔奶嘴适合给宝宝用来喝主食的牛奶，因为 1 岁前每天喝牛奶的次数较多，所以十字孔奶嘴较容易因反复使用清洗或小宝贝调皮啃咬而损坏，因此家里面最好多准备 2 ~ 3 个奶嘴，以应付不时之需，且奶嘴因宝宝用牙齿磨损后应立刻换新，若未磨损也需每隔 3 个月淘汰更新。而奶瓶与奶嘴的锁紧程度，以将奶瓶倒置，奶水可缓慢滴落为宜，若喂食时发现奶水流量减少速度缓慢，请检查奶嘴部分是否已呈吸扁状态，这样就是锁太紧了，宝宝会吸吮得很辛苦哦！

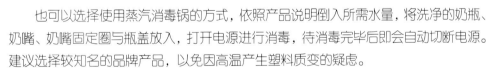

奶瓶与奶嘴的消毒方式

玻璃奶瓶的消毒方式与塑料奶瓶类似，但玻璃奶瓶煮沸的时间可以更久。首先，将奶瓶的奶嘴和固定奶嘴的旋转盖取下，将瓶子放入大锅中，装满清水，奶瓶内亦装满清水，不加锅盖以中小火煮至沸腾。若是塑料奶瓶，则水沸腾后立即关火，以筷子或夹子取出倒扣阴干；若是玻璃奶瓶，则可以在沸腾后续煮 5 ~ 10 分钟（视奶瓶的多少决定时间），再以筷子或夹子取出倒扣阴干。而奶嘴、奶嘴固定圈和瓶盖直接放入煮沸的水中浸泡 3 分钟即可取出，置于干净的厨房纸巾上待干即可。

也可以选择使用蒸汽消毒锅的方式，依照产品说明倒入所需水量，将洗净的奶瓶、奶嘴、奶嘴固定圈与瓶盖放入，打开电源进行消毒，待消毒完毕后即会自动切断电源。建议选择较知名的品牌产品，以免因高温产生塑料质变的疑虑。

别强迫宝宝喝光光

大部分的父母都期待宝宝能够一口气喝完牛奶或饮品，但若宝宝出现手推奶瓶或舌头往外推奶嘴的动作，表示饱了或目前想休息的状态，这时请不要强硬喂宝宝，等到下一次的喂奶或点心时间，再制作新的饮品给小宝贝饮用。所以父母必须多点耐心给小宝贝一段时间来适应，千万别在喂食饮品的过程中有不愉快的经验，否则会让宝宝潜意识中对饮品排斥。

在喂食的过程中请耐心记录宝宝喝奶或饮品的时间及分量，随时注意宝宝的饮食状况，由此既可知道宝宝的食量变化是否正常，也可在每次健康检查时提供给医生作为成长评量的参考。

稀释u 苹果汁

材料 •
红苹果 1 个
冷开水 30 毫升

做法 •
1 苹果表皮以削皮器削除干净，去核籽后切片，
放入榨汁机内榨出苹果汁。

2 取 30 毫升苹果汁与冷开水拌匀即可。

稀释u 草莓汁

材料 •
草莓 150 克
冷开水 30 毫升

做法 •
1 草莓表皮洗净后擦干水分，去带后切片，放入搅拌盆内，
以电动搅拌机打成泥状，通过细滤网滤出纯净的草莓汁。

2 取 30 毫升草莓汁与冷开水拌匀即可。

稀释u 葡萄汁

材料 •
紫葡萄 100 克
冷开水 30 毫升

做法 •
1 葡萄表皮洗净后擦干水分，切半去籽后放入搅拌盆内，
以电动搅拌机打成泥状，通过细滤网滤出纯净的葡萄汁。

2 取 30 毫升葡萄汁与冷开水拌匀即可。

稀释④
柳橙汁

材料 • 柳橙 1 个
       冷开水 30 毫升

做法 • **1** 柳橙表皮洗净后擦干水分，对切成半，以挤汁器挤出柳橙汁，通过细滤网滤出纯净的柳橙汁。

     2 取 30 毫升柳橙汁与冷开水拌匀即可。

baby 6个月以上

紅柚汁⑥

材料 • 红肉葡萄柚 1 个
       冷开水 30 毫升
       葡萄糖 1 小匙

做法 • **1** 葡萄柚表皮洗净后擦干水分，对切成半，以挤汁器挤出葡萄柚汁，通过细滤网滤出纯净的葡萄柚汁。

     2 取 60 毫升葡萄柚汁与冷开水、葡萄糖混合，搅拌至葡萄糖溶解即可。

材料
• 猕猴桃 1 个
  冷开水 120 毫升
  葡萄糖 1 小匙
  细盐 1/4 小匙

6 猕猴桃汁

做法
1 猕猴桃表皮洗净后擦干水分，对切成半，以铁汤匙挖出果肉，放入果汁机内，加入其他材料搅打均匀。

2 通过细滤网滤出纯净的猕猴桃汁，取 90 毫升倒入饮用瓶即可。

材料
• 水梨 1 个
  冷开水 30 毫升
  葡萄糖 1 小匙

6 水梨汁

做法
1 水梨表皮以削皮器削除干净，去核籽后切片，放入榨汁机内榨出水梨汁。

2 取 60 毫升水梨汁与冷开水、葡萄糖混合，搅拌至葡萄糖溶解即可。

❻ 甜李汁

材料
- 李子 150 克
- 冷开水 30 毫升
- 葡萄糖 1 小匙

做法
1. 李子表皮以削皮器削除干净，去核后切小丁，放入搅拌盆内，以电动搅拌机打成泥状，通过细滤网滤出纯净的李子汁。
2. 取 60 毫升李子汁与冷开水、葡萄糖混合，搅拌至葡萄糖溶解即可。

❻ 蜜枣汁

材料
- 蜜枣 150 克
- 冷开水 30 毫升
- 葡萄糖 1 小匙

做法
1. 蜜枣表皮洗净，在顶端划十字刀口，再浸泡于 500 毫升热水中 20 分钟（较容易剥除外皮）。
2. 取出蜜枣，剥除外皮、去核，放入搅拌盆内，以电动搅拌机打成泥状，通过细滤网滤出纯净的蜜枣汁。
3. 取 60 毫升蜜枣汁与冷开水、葡萄糖混合，搅拌至葡萄糖溶解即可饮用。

❻ 番茄汁

材料
- 小番茄 100 克
- 冷开水 60 毫升
- 葡萄糖 1 小匙

做法
1. 小番茄表皮洗净后擦干水分，去蒂后切小块，放入果汁机内，加入其他材料搅打均匀。
2. 通过细滤网滤出纯净的番茄汁，取 90 毫升倒入饮用瓶即可。

香芒 8 百香果汁

材料
芒果 100 克
百香果 2 个
冷开水 100 毫升

做法

1 芒果、百香果表皮洗净后擦干水分，将芒果去皮去核后切小块、百香果切半后用汤匙挖出果肉，一起放入果汁机内。

2 加入冷开水搅打均匀，通过细滤网滤出纯净的果汁即可。

密瓜 8 草莓汁

材料
哈密瓜 50 克
草莓 100 克
冷开水 100 毫升
葡萄糖 2 小匙

做法

1 取哈密瓜肉质较软的部分切小块；草莓表皮洗净后擦干水分，去蒂后切小块。

2 将哈密瓜、草莓及其他材料放入果汁机内搅打均匀，通过细滤网滤出纯净的果汁即可。

草莓₈柳橙汁

草莓⑧
柳橙汁

材料
草莓 100 克
柳橙 2 个

做法

1 草莓表皮洗净后擦干水分，去蒂后切小块；柳橙表皮洗净后擦干水分，对切成半，以挤汁器挤出柳橙汁。

2 将草莓、柳橙汁放入果汁机内搅打均匀，通过细滤网滤出纯净的果汁即可。

苹果⑧葡萄汁

苹果⑧
葡萄汁

材料
红苹果 1 个
紫葡萄 100 克

做法

1 苹果表皮以削皮器削除干净，去核籽后切片。

2 葡萄表皮洗净，与苹果片交错放入榨汁机内榨成汁即可。

蜜枣·苹果汁

材料
蜜枣 150 克
红苹果 1 个

做法

1. 蜜枣表皮洗净，在顶端划十字刀口，再浸泡于 500 毫升热水中 20 分钟（较容易剥除外皮）。取出蜜枣，剥除外皮及去核，切片备用。

2. 苹果表皮以削皮器削除干净，去核籽后切片。

3. 将蜜枣与苹果片交错放入榨汁机内榨成汁即可。

番石榴·菠萝汁

材料
番石榴 150 克
菠萝 100 克
冷开水 100 毫升
葡萄糖 1 小匙

做法

1. 番石榴表皮洗净后擦干水分，切小块；菠萝洗净后去皮切小块。

2. 将番石榴、菠萝及其他材料放入果汁机内搅打均匀，通过细滤网滤出纯净的果汁即可。

樱桃·菠萝汁

材料
樱桃 150 克
菠萝 150 克

做法

1. 樱桃表皮洗净后擦干水分，去蒂后对切成半，去核备用。

2. 菠萝切长条，与樱桃交错放入榨汁机内榨成汁即可。

西瓜⑧柳橙汁

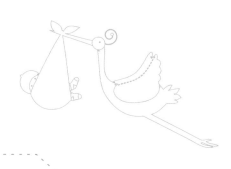

材料
: 黄瓤西瓜 100 克
: 柳橙 2 个

做法
: 1 黄瓤西瓜去籽后切小块；柳橙表皮洗净后擦干水分，对切成半，以挤汁器挤出柳橙汁。

: 2 将黄瓤西瓜、柳橙汁放入果汁机内搅打均匀即可。

甜李
香柚汁 ⑧

材料
- 李子 1 个
- 红肉葡萄柚 1 个

做法
- 1 李子表皮以削皮器削除干净，去核后切小块；葡萄柚表皮洗净后擦干水分，对切成半，以挤汁器挤出葡萄柚汁。
- 2 将李子与葡萄柚汁放入果汁机内搅打均匀，通过细滤网滤出纯净的果汁即可。

洋梨
苹果汁 ⑧

材料
- 西洋梨 1 个
- 红苹果 1 个

做法
- 1 西洋梨表皮以削皮器削除干净，去核籽后切片；苹果的表皮以削皮器削除干净，去核籽后切片。
- 2 将西洋梨片与苹果片交错放入榨汁机内榨成汁即可。

CHAPTER 2

认识你的小宝贝：1～3岁

小宝宝从褓褓阶段慢慢长大至学会走路，对父母而言，的确是值得开心的事，这个阶段是学习的黄金时期，要将宝宝当做是天才来教育，以满足他无穷的好奇心和学习力。

1-3岁的成长特征

★ 1岁～1岁半

1岁～1岁半 ♥ 宝贝会独立行走了

刚学会走路的小宝贝，已经可以让你牵着他的一只手慢慢行走，但当他想要快点达到目标物时，宝宝还是习惯以手脚并用的爬行方式，此时大人不需要太急躁，千万不可以在他学习走路的过程中给予严厉的声调和无情的呵斥，以免产生反效果。

1岁～1岁半 ♥ 宝宝会坐在马桶上大便了

可以开始训练宝宝告知上大号的信息，对宝宝而言，控制大号比较容易办得到，因为大号比起小号更可以在排泄之前获得短暂的控制，而父母也容易从他的表情读出他想要排便的信息，通常会有用力的表情，或突然停止正在进行的活动等，这时应及时教他坐在小马桶上正确排便，多告知几次，宝宝想便便时，就会自动坐在小马桶上了。

★ 1岁半～2岁

1岁半～2岁 喜欢冒险的探险家

这个阶段的宝宝特别喜欢冒险，可能会爱上高速摇摆的荡秋千和溜滑梯所带来的加速度快感，也不畏惧路边的野狗，整天似乎有用不完的精力。

1岁半～2岁 对卡通人物印象深刻

开始对于色彩鲜艳的卡通人物产生好奇，并会记得他们的名字和特征。宝宝这时候的记忆功能主要以图像为主，父母可以在日常生活中以可爱的图片教育他认识动物、数字、英文字母以及拼音，你会发现宝宝的学习力非常惊人哦！

★ 2岁～2岁半

2岁～2岁半 喜欢问"为什么"的年纪

开始对生活产生一连串的"为什么"，此时是教育宝宝守规则和培养好习惯的最佳时机，同时告诉他不可以随便给陌生人开门或是与陌生人讲话。当他提出为什么的时候，就是给予正确常识与知识的好机会，父母应该耐着性子与宝宝沟通。

2岁～2岁半 任性与耍睥气的个性

宝宝开始出现拗脾气，原因可能是因为家中又添了一个新生儿，或是他发现自己是家中的小霸王，可以随意予取予求，因此就更加任性与爱耍脾气。且出外游玩的时候，可能总要大人抱着不肯走路，此时不妨与家中有同年龄小朋友的亲友结伴，这样可以刺激宝宝自己走路，以达到健身和运动的目的。

2岁～2岁半 开始训练宝宝控制小便

建议在宝宝满2岁以后再开始教育他到马桶尿尿的习惯，因为这个阶段宝宝对尿意的敏感度和控制的熟练度较好，较能顺利地在1个月内养成白天不会尿湿裤子的窘境，接着再训练晚上睡觉不包尿片的习惯，以达到不尿床的目的，这大约需要1～3个月的时间，但重点是睡前1小时不要让宝宝喝太多水，且让宝宝先上厕所再上床睡觉。另外，务必让宝宝穿轻便宽松的小内裤及没有拉链的外裤，这样宝宝较容易穿脱，以免一急又尿湿裤子。

★ 2岁半～3岁

2岁半～3岁 充满自主性的小大人

想要参与家事，极力地想要表现自己是家中重要的一分子，家长可以将轻松的家事给宝宝做，趁此夸奖他做得好，以建立他的信心。而此时期的宝宝特别难缠，因为他的大脑已经慢慢有了自主性，懂得如何表达"要或不要"，对于和大人间的互动有了更明确的模式，正式进入了所谓"小大人"的阶段。

带宝宝出门时可以教导他认识交通标志，以及介绍住家附近的环境和邻居，以便若不小心走失，宝宝也不至于太惊慌。教导的过程中，父母不可以认为孩子不懂就懒得说，即使他似懂非懂，都应该尽到教育的责任，这也是为未来良好的亲子互动关系做努力。

成长需求是 **1-3** 岁宝宝饮品的重点

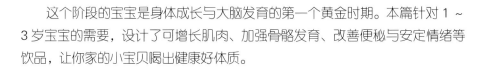

这个阶段的宝宝是身体成长与大脑发育的第一个黄金时期。本篇针对 1 ～ 3 岁宝宝的需要，设计了可增长肌肉、加强骨骼发育、改善便秘与安定情绪等饮品，让你家的小宝贝喝出健康好体质。

预防便秘！

刚满 1 岁的宝宝可能因为喝水量的不足以及蔬果摄取不够而造成排便不顺畅的问题，此时可以借由日常的饮食调整来改善排便情况，父母只要多注意给予足量的水分、蔬果及五谷类，并减少糖分和盐分的摄取即可。此外，避免紧张、拥挤和长途的舟车劳顿，这些都可以改善宝宝的便秘状况。若饮用了书中所设计的饮品几天后，状况仍然无法改善，建议寻求专业医生的帮助。

增长肌肉！

宝宝自 1 岁开始，几乎以每个月长高 1 厘米的速度在成长，活动量大而且似乎有用不完的精力，父母在调配宝宝的饮食过程中，必须做到全面与均衡营养的摄取，千万不可以随他的喜好而任意的偏食，以免这段黄金发育期无法面面俱到，而影响了身体器官的健全发展。

强化骨骼！

骨骼是支撑宝宝长高、长壮的支架，有好的骨骼才可以发展好的体质，所以很多家长都将钙质的摄取列为此阶段的重要营养素，若钙质与维生素 D 一起作用，更有利于被身体完整吸收，所以不要忘记每天花些时间带宝宝外出散散步，晒晒太阳以补充维生素 D，这样可以让宝宝的骨骼发展更健全哦！

活化脑力！

为了不让宝宝输在起跑点上，父母几乎会拼命努力让他学习才艺和技能，虽然这个阶段大脑吸收的速度最快，但是也别忽略了平常饮食所能给予的协助，可借由书中设计的饮品，帮助宝宝小脑袋瓜开启活力和扩大吸收的能力，也有助于提高宝宝对于学习才艺的兴趣。

安定情绪！

宝宝可能因为家中又添了一个弟妹，或是往返自家、爷爷奶奶家、外公外婆家，而出现情绪不稳定的情况；也有可能是因为面临断奶期以及断尿布期，而出现彷徨不安的情绪。父母应该多加耐心和平心静气地对待，当宝宝哭闹或调皮捣蛋时，别急着责骂他，应以温柔的口吻教导他，若宝宝有优良的表现，亦应给予赞美与鼓励。此外，可以借由书中所提供的饮品，来安抚改善宝宝的不安状况。

清凉解渴！

这个阶段的宝宝会因为好奇而常流连于超市的冷藏柜，看着形形色色的饮品而吵着要喝，甚至以哭闹的方式赖着不走，但是喝多了冰凉又含色素的饮品，很容易打喷嚏、流鼻水，甚至造成支气管过敏。所以父母必须花点心思，将有益消暑解热又兼顾体质的食材（如杨桃、冬瓜、甘蔗等）制作成饮品；或利用气泡矿泉水（苏打水）来取代含糖量高的汽水，让宝宝在喝饮料的同时，可看到气泡的跳动与在嘴里的沁凉感觉，不但可以解宝宝的嘴馋，也可照顾到他的健康哦！

利用练习杯训练宝宝喝饮品 ！

这个阶段的小宝贝逐渐由奶瓶转变成以杯子饮用流质食物，为了让宝宝学会自行握取杯子，可以利用"四合一练习杯"训练宝宝喝水及饮品，可依孩子的年龄进阶式练习，让宝宝逐渐摆脱以奶瓶喝东西的习惯。

❶ 奶瓶式：小宝贝满 4 个月开始，虽然手握的能力尚未完全成熟，但是可以开始让他接触奶瓶式练习杯，借以训练他手部肌肉的协调能力。

❷ 孔洞式：小宝贝满 6 个月起，就可以改用附有孔洞的鸭嘴式练习杯。但是以仰头的方式喝饮品，容易因为流量大而溢出，使宝宝呛到，所以使用时需特别小心。

❸ 吸管式：小宝贝满 8 个月大时，建议可以开始使用附带吸管的练习杯，因为吸管可以让宝宝自行控制饮料的流量，不易呛到，但是缺点是吸管内缘如果没有清洗干净，会很容易滋生细菌，因此每隔一段时间即需更换新的吸管。

❹ 杯口式：宝宝 1 岁半至 2 岁时，正值学习力超强的年龄，所以可以开始慢慢让他学习拿持杯子喝饮品，刚开始时建议父母以手辅助，以免宝宝不知道用杯子喝的合适的倾斜程度而倒得满身，若一开始无法控制得宜，不妨给他一根吸管。

在训练小宝贝使用练习杯的过程中，千万别刻意勉强并要求他表现得如产品上或书上所说的一样，因为每个孩子的学习过程或抓握方式不尽相同，就让孩子以最自然的方式渐进学习吧。

器具使用完毕务必归位

这个阶段的小宝贝正值好奇和模仿的年龄，看到家人在厨房忙东忙西的时候，总喜欢凑热闹，所以在制作饮品的同时务必随时留意宝宝的一举一动，最好使用高于小宝贝身高的工作台，以免宝宝因为好奇而不小心被电线绊倒，或拿取刀具而造成意外。并且建议家人在使用完这些家电产品及刀具后，务必放置于宝宝拿不到的地方，且墙壁上的插座不用时务必使用加盖装置，以免宝宝伸手触及而导致意外发生。

甘蓝紫葡萄汁

材料
- 紫葡萄 150 克
- 紫甘蓝 75 克
- 冷开水 300 毫升
- 蜂蜜 2 小匙

做法

1 葡萄表皮洗净后擦干水分；甘蓝洗净后沥干，切碎。

2 将葡萄和紫甘蓝放入果汁机内，加入其他材料一起搅打均匀，通过细滤网滤出纯净的蔬果汁即可。

营养百宝箱 紫葡萄酸甜的滋味具有开胃的作用，可以改善小宝贝的食欲、促进宝贝发育及迅速补充体力。

水梨川贝汁

材料
- 水梨 300 克
- 川贝母 3 克
- 蜂蜜 2 大匙
- 水 600 毫升

做法

1 水梨表皮洗净后擦干水分，连皮切小块后去籽，放入大碗中。

2 川贝母去心，研磨成粉状，与水、蜂蜜一起放入放水梨的大碗中，再放入锅内，在锅内加适量水蒸熟，取出后通过细滤网滤出纯净的汁液即可。

营养百宝箱 水梨含丰富 B 族维生素，可以强化小宝贝的神经系统及心脏功能，并健全肌肉发展，同时亦是补充水分和纤维的好食物。

山药红豆牛奶

材料
新鲜山药 50 克　　　鲜奶 200 毫升
煮熟的红豆 1 大匙　　果糖 1 大匙

做法

1 新鲜山药表皮以削皮器削除干净，切小块放入果汁机内。

2 加入红豆、鲜奶和果糖搅打均匀即可。

营养百宝箱　山药的粘性蛋白质可以改善宝宝食欲不振和发育不良的问题，但是当小宝贝因为肠胃炎引发腹泻现象时，则要暂停食用，以免宝宝消化不良。

鳄梨布丁牛奶

材料
鳄梨 1/2 个　　　蜂蜜 2 小匙
鲜奶 500 毫升　　市售布丁 (小)1/2 个

做法　用不锈钢汤匙挖出鳄梨果肉，放入果汁机内，加入其他材料一起搅打均匀即可。

营养百宝箱　鳄梨含丰富的维生素 E，可以加强小宝贝肌肉组织的正常生长。

草莓羊奶

材料
草莓 150 克
羊奶 200 毫升
炼乳 1 小匙

做法
草莓表皮洗净后擦干水分，去蒂后切小块，放入果汁机内，加入羊奶和炼乳搅打均匀即可。

营养百宝箱
含维生素 C 的草莓，与含丰富钙质的羊奶，可促进小宝贝骨骼发育、加强抵抗力。

芋香椰奶

材料
芋头 75 克
炼乳 1 大匙
椰奶 250 毫升

做法
1 芋头表皮以削皮器削除干净，切小丁放入大碗中，再放入蒸锅，在锅中加适量水蒸熟。

2 取出蒸熟的芋头，趁热与炼乳混合捣成泥状，再放入果汁机内，加入椰奶搅打均匀即可。

营养百宝箱
每 100 克芋头约含有 100 毫克的磷，与含钙的炼乳与椰奶搭配，可加强小宝贝的骨骼发育。磷是仅次于钙，可强化骨骼的重要矿物质。若宝宝肠胃功能不好，容易胀气，则不要使用芋头，可改由西米代替。

芝麻奶昔

材料 ● 黑芝麻粉 1 大匙　　香草冰淇淋 1 球
　　　鲜奶 200 毫升　　　热开水 2 大匙

做法 ● 黑芝麻粉以热开水搅匀，倒入果汁机内，加入鲜奶、香草冰淇淋一起搅打均匀即可。

营养百宝箱 ● 每 100 克黑芝麻可提供约 1450 毫克的钙质，因此小宝贝于正常饮食之外多食用黑芝麻，可强化骨骼哦！

薏仁黑豆浆

材料 ● 薏仁 50 克　　　　水 1300 毫升
　　　黑豆 110 克　　　细砂糖 30 克

做法

1 薏仁和黑豆洗净，浸泡于足量的清水中约 4 小时，充分洗净后沥干。薏仁放入大碗中，取 480 毫升水加入薏仁中，放入蒸锅，锅中加 240 毫升水蒸熟备用。

2 将薏仁和黑豆放入果汁机内，加入水搅打均匀，通过细滤网滤出纯净的生浆，再倒入锅中，以小火加热并持续搅拌至沸腾，再加入细砂糖搅拌至糖溶解后熄火，待降温即可。

营养百宝箱 ● 黑豆所含的钙质与铁质，能提供小宝贝成长发育所需的营养；薏仁的多糖体可增强免疫力，两者搭配有助于小宝贝强壮又健康哦！

番石榴牛奶

材料 • 番石榴 100 克
鲜奶 200 毫升
果糖 1 大匙

做法 • **1** 番石榴表皮洗净后擦干水分，切小块放入果汁机内，加入鲜奶和果糖搅打均匀。

2 通过细滤网滤出纯净的果汁即可。

营养百宝箱 • 番石榴含丰富的维生素 C 与铁质，可开胃健脾，增进心情愉悦，这些是活化脑力的重要前提哦！

花生米浆

材料 • 糙米 50 克　　　　水 3500 毫升
粳米 50 克　　　　细砂糖 50 克
五香花生 75 克

做法 • **1** 糙米和粳米洗净，浸泡于足量的清水中约 6 小时，充分洗净后沥干备用。

2 将五香花生外层薄膜去除，与糙米、粳米一起放入果汁机内，加入水搅打均匀，通过细滤网滤出纯净的米浆。

3 将米浆倒入锅中，以小火加热并持续搅拌至沸腾，加入细砂糖搅拌至糖溶解后熄火，待降温即可。

营养百宝箱 • 花生含有丰富的花生四烯酸与卵磷脂，可以活化小宝贝的大脑细胞，让宝贝思维更灵活。

银耳红枣汁

材料
- 干银耳 10 克
- 红枣 5 颗
- 水 600 毫升
- 冰糖 1 大匙

做法
1 银耳洗净，浸泡于足量的水中约 20 分钟，待软化取出，剪掉蒂头。

2 红枣洗净后与银耳一起放入锅中，加入水，以小火加热至沸腾，加入冰糖搅拌至糖溶解后熄火，通过细滤网滤出纯净的汤汁，降温后即可饮用。

营养百宝箱
银耳含丰富的多糖体，可以强化小宝贝的身体免疫功能，是不可多得的平民滋补圣品。

葡萄黑麦汁

材料
- 紫葡萄 150 克
- 黑麦汁 90 毫升

做法
葡萄表皮洗净后擦干水分，放入果汁机内，加入黑麦汁一起搅打均匀，通过细滤网滤出纯净的果汁即可。

营养百宝箱
黑麦汁是黑麦发酵却不含酒精的健康饮品，保存了丰富的维生素，可以让小宝贝思维更灵活、学习力加倍。

桂圆百合汁

材料
干百合 30 克
桂圆肉 15 克
水 300 毫升
冰糖 1 小匙

做法
1 干百合洗净沥干后放入锅中，加入桂圆肉和水，以小火加热至沸腾，加入冰糖搅拌至糖溶解后熄火。

2 待降温后取适量汤汁给宝宝饮用。

营养百宝箱
百合可润肺止咳、安心宁神；桂圆可改善心烦失眠的症状。当小宝贝有夜晚难眠或浅眠的情况，可在睡前给予饮用，有助安抚宝贝不安的情绪。

小麦米浆

材料
小麦 100 克
白芝麻 15 克
水 900 毫升
细砂糖 25 克

做法
1 小麦洗净，浸泡于足量清水中约 4 小时，充分洗净后沥干，放入大碗中，加入 480 毫升水，再放入蒸锅，在锅中加 240 毫升水蒸熟备用。

2 将蒸熟的小麦与白芝麻一起放入炒锅中，以小火干炒至干，再放入果汁机内，加入水搅打均匀，通过细滤网滤出纯净的小麦米浆。

3 将小麦米浆倒入锅中，以小火加热并持续搅拌至沸腾，加入细砂糖搅拌至糖溶解后熄火，待降温后即可饮用。

营养百宝箱
小麦具有改善失眠、心悸和安心宁神的功效，长期摄取可以强化小宝贝的体质，稳定小宝贝的情绪，让孩子的 EQ 和 IQ 一样高哦！

桑椹奶昔

材料
● 桑椹果酱 1 大匙
鲜奶 100 毫升
原味酸奶 150 毫升

做法
● 将所有材料放入果汁机内，一起搅打均匀即可饮用。

营养百宝箱
● 桑椹具有补血助眠的功效，除了让小宝贝容易入睡外，还可以保持眼睛明亮有神。若不想使用桑椹果酱，而使用新鲜桑椹 (35 克) 时，则需外加 1 大匙细砂糖或蜂蜜调味。

苹果 椰奶汁

材料
● 红苹果 1/2 个
椰子汁 100 毫升
鲜奶 100 毫升

做法
● 1 苹果表皮以削皮器削除干净，去核籽后切小块。

2 苹果块、椰子汁、鲜奶一起放入果汁机内搅打均匀即可。

营养百宝箱
● 椰子汁有镇定安神的功效，在酷热的盛夏饮用，可以让小宝贝有种沁凉到心底的感觉，进而可达到稳定情绪的作用哦！

香芒凤椰汁

材料
- 芒果 150 克
- 菠萝 200 克
- 椰子汁 200 毫升
- 果糖 1 小匙

做法
1 芒果表皮洗净后擦干水分，去皮去核后切小块；菠萝果肉切小块，备用。

2 将芒果、菠萝放入果汁机内，加入其他材料一起搅打均匀，通过细滤网滤出纯净的果汁即可。

营养百宝箱
芒果消暑解渴、椰子汁清凉退火、菠萝酶开胃助消化，三者搭配制作饮品可以帮助小宝贝解除体内燥热感。

柳橙气泡水

材料
- 柳橙 2 个
- 气泡矿泉水 200 毫升
- 柠檬汁 1 小匙
- 果糖 1 小匙

做法
柳橙表皮洗净后擦干水分，对切成半，以挤汁器挤出柳橙汁，与其他材料混合拌匀即可。

营养百宝箱
气泡矿泉水含有天然矿物质，完全无添加人工甜味剂，充满气泡的模样，适合炎热夏季给小宝贝饮用，作为汽水和可乐的替代品。

甘蔗冬瓜汁

材料
冬瓜 300 克
甘蔗汁 600 毫升
水 900 毫升
红糖 35 克

做法

1 冬瓜表皮洗净后擦干水分，连皮带籽切小块放入锅中，加入水，以小火煮至沸腾，续煮 15 分钟。

2 加入红糖，搅拌至糖溶解后熄火，通过细滤网滤出纯净的汤汁降温，再倒入甘蔗汁拌匀即可。

营养百宝箱 冬瓜可促进小宝贝体内的新陈代谢，并具利尿和清热的作用，在炎热的夏季非常适合给孩子饮用。

洛神杨桃汁

材料
干洛神花 15 克
杨桃 1 个
水 500 毫升
冰糖 1 大匙

做法

1 干洛神花洗净沥干，放入锅中，加入水，以小火煮至沸腾，加入冰糖搅拌至糖溶解后熄火，通过细滤网滤出纯净的洛神花汤汁，待降温备用。

2 将杨桃表皮洗净后擦干水分，切成长条，放入榨汁机内榨成汁，与 50 毫升洛神花汤汁搅拌均匀即可。

营养百宝箱 杨桃具有清热利尿和生津止渴的功效，小宝贝因为炎热天气而导致胃口变差时，适量饮用将有助于缓解他的烦躁情绪。

燕麦香豆奶

材料
燕麦 50 克　　　水 1300 毫升
黄豆 100 克　　　细砂糖 40 克

做法
1　黄豆和燕麦洗净，浸泡于足量的清水中约 4 小时，去除浮在水面的黄豆薄膜，充分洗净后沥干备用。

2　将黄豆及燕麦放入果汁机内，加入水搅打均匀，通过细滤网滤出纯净的燕麦豆浆，再倒入锅中，以小火加热并持续搅拌至沸腾，加入细砂糖搅拌至糖溶解后熄火，待降温即可。

营养百宝箱
燕麦的纤维可以促进小宝贝肠胃蠕动及增进皮肤的光滑细致。平常也可以直接将燕麦与白米一起煮至软烂，当做正餐喂食宝宝。

黑豆糙米奶

材料
糙米 50 克
黑豆 100 克
水 1300 毫升
细砂糖 40 克

做法
1　黑豆和糙米洗净，浸泡于足量的清水中约 4 小时，充分洗净后沥干备用。

2　将黑豆及糙米放入果汁机内，加入水搅打均匀，通过细滤网滤出纯净的黑豆糙米浆，再倒入锅中，以小火加热并持续搅拌至沸腾，加入细砂糖搅拌至糖溶解后熄火，待降温即可。

营养百宝箱
黑豆和糙米含丰富的纤维，可以促进肠胃蠕动，且每 100 克黑豆可以提供 7 ~ 12 毫克铁质，足够提供 6 岁以内小宝贝每天所需的铁，且可增进肌肤红润。

弥猴桃苹果奶昔

材料 弥猴桃 1 个　　　　冷开水 100 毫升
红苹果 1/4 个　　　葡萄糖 2 小匙
原味酸奶 100 毫升

做法

1 弥猴桃表皮洗净后擦干水分，对切成半，以不锈钢汤匙挖出果肉，放入果汁机内。

2 苹果表皮以削皮器削除干净，去核籽后切小块，与其他材料一起放入果汁机内搅打均匀即可。

营养百宝箱 弥猴桃富含维生素 C，除了美容养颜外，也有促进肠胃蠕动的作用。

香蕉菠萝奶昔

材料 香蕉 100 克　　　　柠檬汁 1 大匙
鲜奶 150 毫升　　　葡萄糖 2 小匙
菠萝汁 200 毫升

做法 香蕉去皮后切小段，放入果汁机内，加入其他材料搅打均匀即可。

营养百宝箱 香蕉具有润肠通便、润肺止咳的功效，当小宝贝便秘或咳嗽时适量饮用，可改善症状。但香蕉性寒，若肠胃不适时则不宜食用。

CHAPTER 3

认识你的小宝贝：3～6岁

宝宝已经懂得许多文字和符号，可以有条不紊地和大人对话，
对于情绪的掌控也明显成熟了许多，
家长们更要把握这学龄前的成长阶段，
好好地计划安排他进入学校就读前的准备事项，养成好习惯。

3-6岁的成长特征

★ 3岁~3岁半

3岁~3岁半 ● 说起话来自信满满

孩子说起话来信心满满，每天都在学习新的词汇，懂得聆听和思考，也开始表现自己的兴趣，对于事物的注意力也明显增加，说话流利的程度亦进步了许多。且喜欢听故事，尤其喜欢你将他抱在腿上为他说故事，这时候不妨换个角度请他说故事给你听，如此可以一探孩子心中的奇幻世界。

★ 3岁半~4岁半

3岁半~4岁半 ● 喜爱模仿的年纪

这个阶段的孩子特别会模仿大人的动作和语气，且大人的有些行为举止甚至会影响他一辈子，若孩子出现了叛逆的行为，父母应该先静下心来思考，了解他有这样反应的缘由，再以理性的口吻与他沟通，也许1~2次的沟通不见成效，但是持之以恒的努力绝对是值得的。

3岁半~4岁半 ● 据兴趣挑选才艺班

此阶段的孩子正处于急着想要学习的年龄，可以让他参与才艺班，但是千万不可以强迫，以免好意反而招来反效果。要如何发现孩子的兴趣呢？建议父母可以带他到美术馆、开放音乐会、公园、书店等公共场所，借以启发孩子对艺术方面的敏感度，并从旁观察孩子的喜好，将不难发现他的兴趣所在，进而为他挑选适合的才艺班。此外，白天建议带他到公园骑脚踏车、去游泳、玩球、跑步等，让孩子在白天尽量发泄用不完的体力，如此可以帮助孩子夜晚好眠。

★ 4岁~5岁

4岁~5岁 ● 会和小朋友互相学习比较

刚进入幼儿园就读的小朋友，表现出喜欢交朋友、表现自我以及喜欢创作的特性，当然占有欲和独占性也会明显增加。小朋友之间善于比较，对言词的表达更为丰富，此时父母更应该善用这个时机，多与孩子沟通并且了解他的想法。

4岁~5岁 ● 因缺乏疼惜而排挤弟妹

若家中添了一个新生儿，对于孩子而言会是一种无形的压力，因为担心被父母忽略，也不习惯家中有人分享他的玩具以及父母的爱。此时若孩子适应不良，很容易出现叛逆与吵闹的情形。父母若因忙碌而视若无睹，将会加深孩子的负面情绪，这时候除了给予孩子一个拥抱外，并适时告诉他："你是哥哥（姐姐），要照顾弟弟（妹妹），因为弟弟（妹妹）是你的宝贝哦！"让他了解自己长大了，有足够的能力带领弟弟或妹妹；并给予赞美与肯定，将有助于化解他的困扰。

5岁~6岁 ♥ 带领孩子适应小学生活

★ 5岁~6岁

幼儿园毕业是孩子最重要的第一个毕业典礼，此时孩子已可以独立穿衣、吃饭、走路、上厕所等，也表现出明显的个性，但是不论孩子是否暴躁、柔弱或是刚毅，父母都要了解他的个性与他相处，慢慢从日常生活中戒除孩子负面的习惯。从这个阶段起，孩子开始要接受一连串的正规教育，故建议父母在孩子幼儿园阶段时，就一点一滴教育他认识基本拼音，借此可以让他在小学的起步更顺利也更有自信。

让 3-6 岁的孩子健康成长

3～6岁的宝宝多数已开始上幼儿园，是开始与同年龄小朋友频繁接触的敏感时期以及读书、学习才艺的高峰时期。这里提供了减少孩子感染疾病概率、增强免疫力、促进气色红润及保暖御寒的饮品，以及帮助孩子提升学习效率、加强记忆力、提高学习力、保护眼睛的饮品，让你家的孩子喝出健康的体质。

气色红润！

这个阶段的孩子特别喜欢往外跑，父母有空就要多带他到户外走动，平常最佳的活动地点包括住家附近的公园、小学的操场。外出地点若近，建议以走路代替坐车，而假日爬山、到河堤边跑步流汗，除了可以强健体质外，也可以让孩子气血循环顺畅，使脸色红润。除此之外，建议食用含胡萝卜素与茄红素的食材来获得好气色。

加强记忆力！

学习新知、才艺与技能都需要大脑的灵活反应和良好的记忆力，因此为孩子补充加强记忆力的饮品，让他的大脑如同海绵一般可以充分吸收所学，对于日后进入小学就读绝对有正面的帮助。平常父母也可以借生活中的小事来训练孩子的记忆力，例如：认识住家环境、背诵家里与父母的电话号码及住家地址等，除了可以增加记忆力之外，也可以让他在发生紧急状况时，能及时与家人联络。

保护眼睛！

当孩子开始学习认字与拼音时，眼睛会大量接受信息，这时候非常需要足够的养分来保护双眼的视力，当然也得注重阅读的环境，包括灯光的品质和照射的方向是否正确，并随时矫正孩子的阅读姿势。此时也需告诉他戴眼镜在生活中的种种不便，培养孩子进入小学就读时继续保持良好的习惯，避免成为眼镜族。

保暖御寒！

这个时期的孩子已开始上幼儿园了，往往会因为游戏奔跑所造成的流汗现象，而自然脱去外套，若马上吹凉风或吹冷气，很容易就感冒了。这时父母除了教导孩子该如何穿衣保暖以及季节交替时怎样预防感冒等知识外，同时可以用本书中的饮品为孩子滋补身体哦！

提高学习力！

提高学习力如同培养孩子的好奇心，这必须从小开始养成。当父母对新奇的事物充满兴趣时，间接地也会影响孩子的思维与学习力。此外，饮食的配合也功不可没，正确均衡的饮食有助于提升学习力和发展脑力，再加上父母用心的教导，都可以激发孩子潜在的才华。

增强抵抗力！

进入幼儿园就读是一件令人欣喜的事，但这个阶段的孩子最容易罹患感冒与流行性疾病，原因在于孩子不懂得与生病的同学保持距离，或卫生习惯不好，因此父母除了多叮咛之外，也可以从饮食中补充增强抵抗力的营养素，让孩子穿上一件犹如看不见的防护罩，多一层保护与安心。

让孩子喜欢自制饮品的方法

让孩子一起做，提高喝的兴趣

3～6岁正好是孩子进入幼儿园就读的阶段，这个时期的孩子因为读书受教的关系，所以展现出独立又顺从的个性，较容易沟通。妈妈不妨趁买菜的机会，询问孩子喜欢的食材，让他自己决定想要食用的种类，借此教他认识蔬菜、水果、谷类、坚果类等食材名字及所富含的营养；并鼓励孩子一起动手制作健康的饮品，在制作的同时，要耐心教导他正确使用厨房用具，这样不仅可提高孩子品尝的意愿，还可增加亲子互动的亲密关系哦！

让孩子了解自制饮品的好处

这个阶段的孩子对于市售饮品有一定程度的认知，往往会提出想喝市售饮品的要求，所以这个时候父母必须多费心思，告诉孩子这些饮品因为好看而添加了大量色素，或为了保存久一点而加入化学药剂，喝多了反而有碍健康，且因为甜度高很容易喝成胖小子；并告诉他亲手制作的饮品不但卫生、新鲜、营养，且可以选择喜欢的食材变化，相信这样更会让孩子喜欢在家饮用自制饮品哦！

让孩子有份期待感

建议在孩子上学前，制作一杯充满营养及爱心的饮品来开启一天活力的来源，让宝贝的精神和健康都满分，借以提高学习力。或是在孩子每天下课后、晚饭之前准备不一样的饮品，让孩子有期待"礼物"的感觉，当发现孩子有不想喝的念头，可以试着询问他不想喝的原因，也许是味道不喜欢，或喝不下了，这时候千万别以命令的口吻强迫他喝光光。若是口味不合，可以用营养素相同的食材替代，但前提是自己要先品尝过，确认味道不奇怪再给孩子喝。

材料
- 猕猴桃 1 个　　冷开水 200 毫升
- 青芦笋 50 克　　果糖 1 大匙

做法

1 猕猴桃表皮洗净后擦干水分，对切成半，以汤匙挖出果肉，放入果汁机内备用。

2 青芦笋洗净后擦干水分，切小丁放入果汁机内，加入其他材料一起搅打均匀，通过细滤网滤出纯净的蔬果汁即可。

营养百宝箱
猕猴桃含丰富的维生素 C，是高抗氧化的水果，可以消除孩子运动后的疲劳；青芦笋所含的天门冬酰胺酸经证实可强化身体免疫机能，可提高孩子抵抗病毒侵袭的能力。

猕猴桃芦笋汁

胡萝卜苹果汁

材料
- 胡萝卜 150 克
- 红苹果 200 克
- 蜂蜜 1 大匙

做法

1 胡萝卜与苹果表皮以削皮器削除干净，胡萝卜切条状，苹果去核籽后切片。

2 胡萝卜条与苹果片交错放入榨汁机内榨成汁，加入蜂蜜拌匀即可。

营养百宝箱
胡萝卜所含的 β – 胡萝卜素可加强宝贝的免疫力；蜂蜜丰富的单糖经由人体直接吸收，可快速提供身体能量，并消除疲劳。

材料 • 川贝母 20 克   鲜奶 300 毫升
杏仁粉 15 克   冰糖 1 大匙
水 150 毫升

川贝杏仁奶

做法 • 1 将川贝母洗净后擦干水分。

2 将水和鲜奶倒入锅中，加入川贝母、杏仁粉，以
小火煮至沸腾，续煮 10 分钟，加入冰糖搅拌至溶
解后熄火，通过细滤网滤出纯净的汤汁，待降温
即可饮用。

百宝箱 营养 • 川贝母和杏仁皆有润肺止咳的作用，搭配鲜奶所提
供的乳糖和蛋白质，可以在流行性感冒季节饮用，
以便提高孩子对感冒病毒的抵抗力。

材料 • 麦芽粉 1 大匙
羊奶 350 毫升
细砂糖 1 大匙

甜麦芽羊奶

做法 • 麦芽粉放入锅中，倒入羊奶，以小火加热并持续搅
拌至沸腾，加入细砂糖搅拌至溶解后熄火，待降温
即可饮用。

百宝箱 营养 • 麦芽可以改善孩子消化不良以及食欲不振的问题，
羊奶的营养容易吸收，可以减缓宝贝咳嗽气喘的毛
病，并且增强抵抗力！

材料 • 党参 10 克   水 400 毫升
红枣 15 克   冰糖 1 大匙

冰糖参枣汁

做法 • 1 党参、红枣洗净去籽后放入锅中，加入水，以小
火加热至沸腾，续煮 10 分钟。

2 加入冰糖搅拌至糖溶解后熄火，通过细滤网滤出
纯净的汤汁，待降温即可饮用。

百宝箱 营养 • 党参温和补气，红枣润心肺、保肝、补脾胃，均具
强化免疫力的功效。

苹果南瓜籽果汁

材料
- 红苹果 100 克
- 豌豆苗 30 克
- 南瓜籽 1 小匙
- 啤酒酵母粉 1 小匙
- 养乐多 100 毫升
- 冷开水 150 毫升

做法
1 苹果表皮以削皮器削除干净，去核籽后切小块；豌豆苗洗净后沥干。

2 将所有材料一起放入果汁机内搅打均匀，通过细滤网滤出纯净的蔬果汁即可。

营养百宝箱
苹果和南瓜籽所含的矿物质——锌，可以让孩子记忆力变好；啤酒酵母粉含有丰富蛋白质，也因为蛋白质于体内可分解成氨基酸，所以是强化孩子记忆力的最佳来源。

鳄梨可尔必思

材料
- 鳄梨 75 克
- 可尔必思 300 毫升
- 柠檬汁 10 毫升

做法
鳄梨以汤匙挖出果肉，放入果汁机内，加入可尔必思、柠檬汁搅打均匀即可。

营养百宝箱
鳄梨富含维生素 E，具高抗氧化作用，可以帮助孩子抵抗体内自由基的形成，进而达到保护细胞与活化脑力、提高记忆力的功效。

桂圆甜枣汁

材料
- 桂圆肉 10 克　　水 600 毫升
- 红枣 15 克　　冰糖 2 大匙
- 莲子 30 克

做法

1 红枣和莲子洗净，与桂圆肉一起放入锅中，加入水，以小火加热至沸腾，续煮 15 分钟。

2 加入冰糖搅拌至糖溶解后熄火，通过细滤网滤出纯净的汤汁，待降温即可饮用。

营养百宝箱
桂圆所含的葡萄糖和维生素 B_1 有助于提高孩子的智力；莲子可安心养神，有助于舒缓孩子燥郁不安的情绪，同时补充小脑袋发育所需的能量。

薏仁小麦胚芽奶

材料
- 薏仁 30 克　　鲜奶 500 毫升
- 小麦胚芽 5 克　　果糖 1 大匙
- 鲜奶 500 毫升

做法

1 薏仁洗净，浸泡于足量的清水中约 2 小时，充分洗净后沥干，放入大碗中，取 240 毫升水加入薏仁中，放入蒸锅，在锅中加 240 毫升水蒸熟备用。

2 将蒸熟的薏仁与其他材料放入果汁机内，搅打均匀即可。

营养百宝箱
小麦胚芽含丰富的维生素 E 及 B 族维生素，可以让孩子的大脑反应灵敏、记忆力提升并增强体力。

材料
红苹果 150 克
柳橙 2 个
西芹 100 克
冷开水 300 毫升
蜂蜜 1 大匙

苹果芹菜汁

做法

1 苹果表皮以削皮器削除干净，去核籽后切片；柳橙表皮洗净后擦干水分，对切成半，用挤汁器挤出汁液，通过细滤网滤出纯净的柳橙汁；西芹去除老叶后洗净，备用。

2 将苹果片与西芹交错放入榨汁机内榨成汁，再加入柳橙汁及其他材料拌匀即可。

营养百宝箱
苹果又称为益智果，含丰富糖类和维生素 C，可以有效抑制自由基干扰脑细胞，进而提高小宝贝的学习力和脑力。

小麦草酸奶汁

材料
小麦草 5 克
原味酸奶 150 毫升
养乐多 100 毫升

做法
小麦草洗净后沥干，切小段后放入果汁机内，加入酸奶、养乐多一起搅打均匀，通过细滤网滤出纯净的汁液即可。

营养百宝箱
小麦草含丰富的维生素 C 和维生素 E，具有抗氧化的功效，可以保护孩子的大脑皮质层，进而提高学习力。

材料 • 五香花生 30 克
核桃 15 克
鲜奶 400 毫升
细砂糖 25 克

做法 • 1 五香花生外层薄膜去除；核桃放入
烤箱烘烤 5 分钟至脆（途中必须翻动
以免烤焦），备用。

2 将五香花生、核桃和鲜奶一起放入
果汁机内搅打均匀，通过细滤网滤
出纯净的核桃牛奶浆。

3 再倒入锅中，以小火加热并持续搅
拌至沸腾，最后加入细砂糖搅拌至
糖溶解后熄火，待降温即可饮用。

营养百宝箱 • 花生含丰富卵磷脂和花生四烯酸，
是建构大脑神经传导系统不可或缺
的重要物质；核桃所含的亚麻油酸
为婴幼儿时期脑细胞发育的重要物
质，两者与鲜奶搭配，可以加强孩
子的学习力、保护视力。

莴笋
百香果汁

核桃花生牛奶

材料 • 莴笋 75 克
百香果 2 个
养乐多 100 毫升
冷开水 100 毫升

做法 • 1 莴笋洗净后沥干；百香果表皮
洗净，对切成半，用汤匙挖出
果肉。

2 将所有材料放入果汁机内搅打
均匀，通过细滤网滤出纯净的
蔬果汁即可。

营养百宝箱 • 莴笋含丰富的维生素 C 以及矿
物质，能够提高孩子的思维灵
活度，同时有助于新陈代谢和
体内电解质的平衡。

胡萝卜可尔必思

材料
- 胡萝卜 75 克
  青葡萄 130 克
  可尔必思 150 毫升
  蜂蜜 1 小匙

做法
- **1** 胡萝卜表皮以削皮器削除干净，切长条状；青葡萄表皮洗净后擦干水分。

- **2** 将胡萝卜条、青葡萄交错放入榨汁机内榨成汁，加入其他材料拌匀即可。

营养百宝箱
- 胡萝卜所含的 β－胡萝卜素，可以保护视网膜，让眼睛维持良好的视力。平常亦可将胡萝卜与孩子喜爱的食材一起炖煮至软烂，这样可压掉胡萝卜的菜味，以提高孩子用餐的欲望哦！

决明子菊花茶

材料
- 决明子 1 小匙
  干燥菊花 1 大匙
  热开水 500 毫升
  细砂糖 1 大匙

做法
- **1** 将菊花洗净，与决明子一同放入茶杯（或茶壶）中，加入热开水，盖上杯盖，浸泡约 3 分钟。

- **2** 通过细滤网滤出纯净的茶汁，加入细砂糖拌匀，待降温即可饮用，可再回冲 2 次。

营养百宝箱
- 决明子对于保护孩子的视力有显著的功效；决明子具有润肠的作用，当孩子身体不适而有腹泻症状时，建议最好暂停饮用。

蓝莓多多

材料
蓝莓 40 克
原味酸奶 150 毫升
养乐多 100 毫升

做法
蓝莓表皮洗净后擦干水分，去蒂头后放入果汁机内，加入其他材料一起搅打均匀即可。

营养百宝箱
蓝莓丰富的花青素和类胡萝卜素，可以保护孩子的眼睛，搭配含高钙和蛋白质的酸奶，可以让孩子眼睛明亮有神，身体充满活力！

西瓜黑枣汁

材料
西瓜 400 克
无核黑枣 2 颗
柠檬汁 15 毫升

做法
1 西瓜去籽后切小块；黑枣切小丁，备用。

2 将西瓜、黑枣放入果汁机内，加入柠檬汁搅打均匀即可。

营养百宝箱
黑枣含有丰富的纤维质、矿物质以及 B 族维生素，可以有效维持正常视力并减轻眼睛的疲劳。

南瓜香椰奶

材料
- 南瓜 (小) 1/4 个
- 椰奶 200 毫升
- 鲜奶 50 毫升
- 蜂蜜 1 小匙

做法

1 蒸锅内放适量的水，南瓜表皮洗净后擦干水分，去籽不去皮，切小块后放在蒸架上蒸熟。

2 取出 50 克蒸熟的南瓜放入果汁机内，加入其他材料搅打均匀即可。

营养百宝箱
南瓜含有丰富的胡萝卜素，时常给小宝贝食用，可使小宝贝肌肤红润，并且让身体更健康。

木瓜香蕉酸奶

材料
- 木瓜 100 克
- 香蕉 50 克
- 鲜奶 150 毫升
- 原味酸奶 75 毫升
- 炼乳 1 大匙

做法

1 木瓜表皮以削皮器削除干净，去籽后切小块；香蕉去皮后切小段，备用。

2 将木瓜、香蕉放入果汁机内，加入其他材料搅打均匀即可。

营养百宝箱
木瓜含 β – 胡萝卜素，营养丰富且香甜好消化，可帮助红润肌肤、长肌肉，并能达到润肠通便的功效，是孩子成长中应该多多摄取的优良水果。

菠萝
胡萝卜汁

材料
胡萝卜 100 克
菠萝 250 克
果糖 1 小匙
细盐 1/4 小匙

做法

1 胡萝卜表皮以削皮器削除干净,切长条状;菠萝果肉切片。

2 将胡萝卜条、菠萝片交错放入榨汁机内榨出汁,加入果糖和细盐拌匀即可。

营养百宝箱
盐可以破坏菠萝内的生物碱和酶,减少过敏症状;而菠萝和胡萝卜搭配,可以让孩子气色好、注意力集中并维持正常的生理机能。

番茄
酸奶汁

材料
小番茄 100 克
原味酸奶 300 毫升
柠檬汁 15 毫升
蜂蜜 1 小匙

做法
小番茄表皮洗净后擦干水分,去蒂后切小块,放入果汁机内,加入其他材料搅打均匀即可。

营养百宝箱
番茄富含茄红素,可以让孩子气色好且肌肤更细致光滑。饭前饮用可以开胃,而饭后饮用可帮助消化。

松子杏仁奶

材料
- 松子 2 小匙
- 杏仁粉 2 大匙
- 鲜奶 200 毫升

做法
将所有材料放入果汁机内搅打均匀，再倒入锅中，以小火加热并持续搅拌至沸腾后熄火，待降温即可饮用。

营养百宝箱
松子大部分的脂肪为不饱和脂肪即亚麻油酸，可滋补身体和提供热量，适合作为孩子成长发育所需的营养来源。

棉花糖可可奶

材料
- 可可粉 45 克
- 细砂糖 1 小匙
- 鲜奶 400 毫升
- 鲜奶油 1 大匙
- 棉花糖适量

做法
1 先将可可粉与细砂糖放入杯中，再将鲜奶倒入锅内，以小火加热并持续搅拌至沸腾后熄火。

2 将热鲜奶倒入杯中，与可可粉及细砂糖混合搅拌均匀，再加入鲜奶油拌匀，放入棉花糖浸泡数秒钟，待降温即可饮用。

营养百宝箱
可可粉含丰富的蛋白质、高热量的脂肪，是小宝贝的最佳热量来源，在寒冷的早晨上学前饮用一杯，可以供给足够的热量，达到保暖的功效。

绿豆沙五谷奶

材料
- 绿豆 110 克
- 细砂糖 30 克
- 鲜奶 300 毫升
- 五谷粉 1 大匙

做法

1 绿豆洗净后沥干，锅中加入适量水，煮熟，加入细砂糖搅拌至完全溶解，取出放凉。

2 将鲜奶倒入锅内，以小火加热并持续搅拌至沸腾，加入五谷粉搅拌至溶解后熄火。

3 将煮熟的绿豆与加热过的五谷奶放入果汁机内搅打均匀即可。

营养百宝箱

五谷粉含有多种谷类的营养，包括 B 族维生素以及矿物质——钙和磷；绿豆具明目、安神的功效。这道饮品稍微温热后，不但营养，还可增加小宝贝的御寒能力哦！

红糖红枣姜汁

材料
- 嫩姜 50 克
- 红枣 5 颗
- 红糖 1 大匙
- 水 500 毫升

做法

1 嫩姜表皮洗净后切片；红枣洗净，备用。

2 将所有材料放入锅中，加入水，以小火煮至沸腾，续煮 10 分钟，加入红糖搅拌至溶解后熄火，待降温即可饮用。

营养百宝箱

姜具活血、祛寒保暖的功能，在寒冷的冬天早晨，可以准备一杯姜茶给孩子饮用，或是装在保温瓶内让孩子带至学校饮用。

CHAPTER 4

认识你的大宝贝：7～12岁

随着时光流转，孩子长高了，稚气的脸庞慢慢转变，
既喜欢和朋友们一起玩游戏，也喜欢和家人去旅行。
小宝贝终于迈入另一个阶段，背着可爱的卡通书包，
带着有点兴奋、有点不安的神情，
要开始展开他的学习之路，成为一年级的小新生了！

低年级的小精灵

7-12岁

★健康小宝贝的养成法

营养第一

刚进入小学低年级就读的宝贝们，正是新陈代谢最旺盛、成长速度最快的时候。这时期的孩子们，平均身高每年可以增长3～5厘米，体重则每年约可增加2～2.5千克，所以身体需要的氧气和营养要更多、更好，才能足够他们快速的成长与学习所需。因此，爸爸妈妈们可以学习设计对孩子有益的营养菜单，多多变化餐食以协助孩子们纠正偏食的坏习惯，为他们注满饱饱的元气！

运动小将

宝贝们从6岁起，骨骼正值成长期，所以适度引导他们从事一些锻炼和劳动，不但有助于身体内氧气的利用与循环，也对骨骼和肌肉生长有很大的好处，所以运动对宝贝们来说是有益无害的。但要特别注意的是，这时候孩子们的骨骼和肌肉还比较柔软，可不能一时求好心切，以免超过心肺负荷，欲速则不达哦！

健壮宝贝

孩子成长到7岁，也就是小学入学时，脑部发育已臻成熟，脑重量几乎和成人相差无几！所以这时候的孩子们已经可以逐渐胜任学习新事物的挑战，爸爸妈妈们可以不用担心孩子是否会对学校课业吃不消了。只是要注意他们书写的时间不要过长，以免眼睛和手部过于疲劳，以适度的休息、循序渐进的方式锻炼他们手部动作的准确性和灵活性。

★小小心灵的秘密花园

好奇宝宝

小宝贝们自从上小学之后，便开始接触比待在家里时更多的资讯量，这些新刺激不但让他们百思不解，也总能引起他们的好奇心，因此他们总想向爸爸妈妈或是师长问个明白，他们对所有的新事物充满新奇感，也常常在此时发挥他们绝妙的想象力和创意。如果你的小宝贝们开始东问问西问问，请别不理不睬或不耐烦，即使不能解答也要好好解释，帮宝贝们保留住最宝贵的好奇心哦！

模仿大王

7～8岁的宝贝们的心理非常单纯、纯洁，认为学习大人们的行为就准没错，他们的许多行为其实只是习惯的养成问题，对他们来说并没有很成熟或重大的意义，所以爸爸妈妈们要小心自己的言行示范作用，一旦发现孩子们有过错也先别大惊小怪，大声喝骂，慢慢教导才是既温和又有效的好办法哦！

小学一二年级的孩子们对于心理活动还没什么目的性，经常是完全由兴趣来牵引着他们的注意力，所以在课堂上常常会不经意地和同学说话，或是在写功课的时候又被电视卡通吸引而分心或出错了。当我们知道宝贝们在这时期有这样的心理特性时，就可以从旁多帮助他们、多引导他们，提醒他们现在在做什么？在想什么？要达成什么目标等，锻炼他们心理活动的目的性和意义性，也可以同时提升他们的注意力。

中年级的鬼灵精

★朝气小学生的养成法

中年级 身高烦恼多

有的孩子比较早熟，在中年级时，身高长得比其他同学高，这时就容易因为鹤立鸡群而被同学嘲笑；又或者这时候个子还小小的，还没长高的孩子也容易被笑矮子等，招来伤心和自卑。这时候，我们可以告诉孩子，每个人长大的时间都不相同，就像跑步的速度也是因人而异一样，不要因为同学的嘲笑而心情变糟，甚至在意难过！

中年级 揭开性的神秘面纱

许多专家建议，中年级的时候就应该要告诉孩子们有关性的知识，让他们事先预知身体的变化，提早做准备，当然这也是因为现在孩子的营养条件比以前要好得太多，所以也让性发育的时间提早了。但是这时候的孩子们可能还不明所以，只能努力理解，所以爸爸妈妈可以用较轻松的方式告诉孩子们，关于性的神秘面纱其实一点也不神秘，那只是我们身体长大的正常变化而已。

★阳光小树的秘密花园

中年级 想象大王

和低年级的时候相比，中年级的孩子们想象力简直是大跃进，他们不再只是好奇与观察，而是进一步把观察到的和自己所想的结合起来，产生一个新的推论，充分发挥个人的风格，各式各样的想象常令师长叹为观止。所以这时候，爸爸妈妈可以鼓励孩子们多看故事书，或是简单易懂的小小说，这都可以帮助他们扩大自己的视野，增加他们想象的材料和空间。同时也可以鼓励孩子付诸实践，譬如把想象中的画面画下来、把哼的曲调用直笛吹出来、把想说的话和想法写在日记里等，时常鼓舞孩子并加以肯定。

中年级 兴趣的分化

"爸爸，我讨厌数学。""妈妈，我讨厌跑步。"像这样对学习科目的好恶分别与抱怨，开始于三四年级，这是因为孩子们对学习的科目开始有自己的喜好，也渐渐了解自己擅长哪方面、哪方面又容易出问题，所以兴趣便会有所分化。其实，如果能发掘孩子的某种专长并加以深化，会比培养成全能小子来得容易，且更能积累孩子的成就感，让他们有持续学习下去的动力。

相较于 6 ~ 7 岁时的小朋友既单纯又善良无知，中年级的孩子们开始渐渐明确地知道对错之分了，例如欺负他人、虐待小动物是不好的行为；有同学受伤了，我们应该要扶他到保健室等，这也就是道德心萌芽的开始。而且，关于师长对道德的要求和教导也由顺从照办到自我的坚持和认定，例如老师说别喂野狗，但孩子会因同情小狗而偷偷继续喂等。爸爸妈妈这个时候可以用分析好坏处的方式让孩子们了解和接受，强迫说教反而让他们不能听从，因为他们现在已经开始"吃软不吃硬"了呢！

高年级的小大人

★美少女与美少年的养成法

11 ~ 12 岁的孩子们刚好进入人生第二成长高峰期，因此在营养方面的需求自然就得更好、更多，尤其这时候最需要的就是热量和蛋白质。这时候的孩子们会变得很在意自己的外观，是不是够瘦，是不是可爱等，可是这时候的他们对营养的概念和重要性一知半解，如果只是为了瘦而不吃，不但会搞坏身体，还会因为无法获得足够的营养素而达不到成长所需。所以爸爸妈妈要帮助孩子挑选营养素高的食物、优良的饮品，而不是只有热量的空壳子；另一方面要让他们了解影视明星的瘦是他们工作上的需要，并不是美的唯一标准；还要倡导运动的好处，运动能拉长他们现在正在成长的肌肉，这样体型才会漂亮。

孩子在 11 ~ 12 岁的时候，生理会开始产生变化，女孩有了初经、男孩则可能开始有梦遗，如果事先没有告诉他们，长大后身体会有什么变化，当身体有了这样的变化时要怎么应付？孩子们可能会不知所措。类似这一连串的问题，除了学校会有健康教育等课程说明之外，爸爸妈妈也最好向孩子们做一番详细的说明和性别教育，让他们了解身体的变化是正常的，也是每个人成长的必经之路。帮助孩子从容地适应这段转变期，欢迎青少年时期的到来。

★少年少女们的秘密花园

高年级的孩子们愈来愈有主见了！他们对道德价值的判断力就是在这时候萌芽的。爸爸妈妈可以多关心孩子在学校生活和交友的状况，聆听他们的想法和评论，从旁给予提醒和建议，这样才能和孩子进行更好的沟通。这个时期孩子不但渐渐摆脱对父母与师长的依赖，不再唯命是从，也逐渐发展了自我评价的能力，会自己监督、调节和控制自己的行为举止。这时爸妈松了一口气，宝贝长大了，在学着照顾自己了；但另一方面，又担心无法掌握孩子的一举一动，怎么现在说的话都听不进去了呢？然而，这把自主的钥匙还是得要交给孩子，爸爸妈妈则可以变成孩子的雷达，随时指引他们前进的方向。

强化免疫不生病

学龄期（7～12岁）的孩子，已经进入比较稳定的生长发育阶段，脑功能和免疫系统也日趋完善。家长要多注意呼吸道感染（像是因为流行性感冒所引发的呼吸道症状）这种较常见的疾病。同时，由于体内的淋巴系统生长正处于高峰，所以扁桃腺炎也会比较容易发生，还需要预防可能因此导致的哮喘、过敏性鼻炎等，还有其他与免疫机能相关的疾病如异位性皮肤炎、过敏、自体免疫系统疾病等。

增强抵抗力并不难

想要提升小朋友的免疫力，彻底杜绝病菌的侵袭，除了平日饮食均衡、作息正常要绝对遵守外，还有一些具有优质营养素的食材，可以让孩子事半功倍地达到提升免疫力的功效，平日可以多多食用。酸奶是所有乳制品中，既可兼顾营养，又能改善肠道环境的饮品，也可让小朋友多喝。此外，人体最重要的成分就是水，水分充足、新陈代谢旺盛，免疫力自然就会提高。

还要注意的是，这个年龄也正是多数孩子开始换牙的时候，应多注意饮食和卫生习惯，以免引起龋齿及口腔伤口感染等问题。

保持清洁很重要

小朋友一天所接触的细菌往往一不小心就由揉眼睛、摸嘴巴等动作跑到身体里去，想要预防的不二法则仍然是常洗手，尤其是吃东西前；而大朋友也别忘记清洁，才能一起把细菌赶出门；回家后先换上干净的家居服，用清水、盐水或添加一些绿茶的水漱口杀菌。

小女生如厕后，要由前往后擦，避免细菌引起尿路感染。如果想预防尿道感染，除了平日记得要多喝水、少憋尿，也可以多喝些蔓越莓汁、洛神花茶来保健，因为蔓越莓及洛神花富含的青花素可以防止大肠杆菌黏着在尿道内侧，减低受到感染的机会！

生活作息要规律

规律的生活有益于孩子们的身体健康和智力发展，所以爸爸妈妈应该为孩子规划充足的睡眠、合理的进餐时间、有秩序的学习与游戏时间，满足孩子的生长需求，也才能保证孩子们有充沛的精力和体力进行一切日常活动，拥有好体力与好精神哦！

正确的洗手方式

Step1　用干净的水湿润双手。
Step2　把肥皂或洗手液涂抹在手上。
Step3　搓洗双手到手肘部分约20秒，记得不要漏掉手背、指缝及指甲！
Step4　以清水彻底地把手冲洗干净。
Step5　用纸巾擦干双手，然后隔着纸巾把水龙头旋紧，以免再度沾上细菌；如果没有纸巾的话，就用双手捧水，将水龙头冲洗一下再关上。
Tips　避免使用公共场所所提供的烘干机烘手，因为使用率不高的烘干机，反而容易成了细菌滋生的温床哦！

参须补气茶

热量 / 人	材料
73 千卡	2 人份

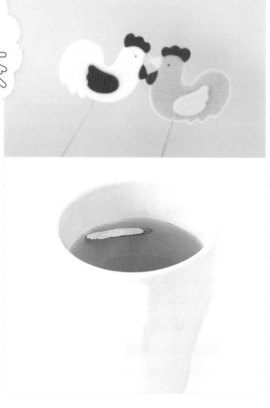

材料
黄芪 20 克　　　　人参须 25 克
枸杞 20 克　　　　甘草 6 克
无籽红枣 10 颗　　水 550 毫升

做法
水煮滚，加入所有材料煮至再度滚开，转小火再煮 5 ~ 7 分钟即可熄火。

营养百宝箱
枸杞含胡萝卜素、核黄素、磷、铁等，另含玉米黄质，是一种很好的抗氧化剂。红枣含维生素 A、维生素 B_2、维生素 C、蛋白质、有机酸，能固本培元，强化免疫机能。

润喉桃菠饮

热量 / 人	材料
121 千卡	2 人份

材料
杨桃 200 克
菠萝 200 克
水 900 毫升
麦芽糖 20 克

做法
杨桃洗净切片状，菠萝切丁状，一起放入锅中，加水煮至水滚转为小火，将汤汁煮至约剩 400 毫升，加入麦芽糖煮至糖融化即可熄火，以网筛过滤后即可饮用。

营养百宝箱
杨桃含维生素 B、维生素 C、钾，可促进体内新陈代谢，止咳化痰。菠萝含丰富的维生素 B_1，有助消除疲劳、增进食欲。

番茄梅活菌饮

热量 / 人	材料
90 千卡	2 人份

营养百宝箱

番茄含番茄碱、茄红素，具抑制细菌生长、消炎等作用。草莓含维生素 C、果胶纤维，具抗氧化作用。话梅能让淋巴细胞转化，增进抗病功能。酸奶含蛋白质、乳酸菌等，能提高免疫力。

材料
番茄 140 克　番茄汁 200 毫升
草莓 4 颗　　原味酸奶 100 毫升
话梅 3 ~ 4 颗　冰块 4 个

做法
1 番茄洗净去蒂，去皮切块状；草莓洗净去蒂；话梅剥开去籽。

2 将所有材料放入果汁机中打匀，倒入杯中即可。

蔓越冰沙漂浮

热量 / 人	材料
368 千卡	2 人份

材料
蔓越莓汁 600 毫升
蔓越莓干 55 克
香草冰淇淋 2 球

营养百宝箱

蔓越莓含有类黄酮及前花青素等抗氧化成分，有助于保护脑细胞对抗自由基的损害。具丰富的植物性营养成分，且含浓缩单宁酸，可防止细菌黏附于人体细胞上。

做法
1 取 450 毫升蔓越莓汁倒入制冰盒中制成冰块；取 15 克蔓越莓干对切，备用。

2 冰淇淋先置室温回软，加入切好的蔓越莓干拌匀，放入保鲜盒中并盖好盖子，再放入冰箱的冷冻室中至变硬。

3 剩余的蔓越莓汁、蔓越莓干与做法 1 的冰块一起放入可碎冰的果汁机中打匀成冰沙状，倒入杯中，舀上做法 2 的冰淇淋即可。

甘蔗鲜奶

热量 / 人	材料
129 千卡	2 人份

材料
甘蔗汁 250 毫升
鲜奶 250 毫升

做法
将甘蔗汁与鲜奶倒入锅中，以中小火煮至约 70 ~ 80℃（锅边冒细泡）即熄火，倒入杯中即可。

营养百宝箱

甘蔗含多量蔗糖，可清热生津止渴、润肺润燥、化痰止咳、防感冒。鲜奶含蛋白质、钙、铁、锌等，蛋白质及锌与维持免疫系统机能有关，每天摄取可避免免疫功能降低。

健康肠胃好体力

美国胃肠学会曾说："肠胃好比大脑好重要多了"。中医也说"脾胃为后天之本"。可见要有好身体，一定要多从改善肠胃吸收、补充营养素着手，身体才会更健康！

肠胃为什么会不舒服

小朋友常常会遇到肠胃不舒服的情况，除了吃坏肚子可能造成的腹泻、肠胃发炎之外，有时候情绪上受到惊吓也会引起呕吐的症状。此外，还有因为消化吸收功能不佳而引发的肠胃胀气。所以除了养成孩子良好的饮食卫生习惯外，也要避免给孩子吃太多不好消化的食物，如糯米类的粽子、饭团及油脂含量高的食物。

饮食西化后，现代的爸爸妈妈还要面临孩子有"便秘"的困扰，因为没时间下厨，加上较少买蔬菜水果，导致很多小孩都有偏食的问题。倘若膳食纤维摄取不足，除了容易造成便秘之外，肠道里的酸碱值一旦偏高，也容易滋生有害的细菌，影响小朋友的健康！

常吃青菜水果很重要

孩子通常比较偏爱肉类食品，不喜欢吃青菜水果，如此一来肠道就容易缺乏纤维质，如果可以鼓励孩子们养成每天至少吃两份水果、三份小盘蔬菜，对补充膳食纤维已经很有帮助了。同时也可以以糙米饭或五谷米代替白米饭（可以先从白米比五谷米 3：1 的比例混合煮，让小朋友渐渐习惯吃五谷米）。爱吃面包的小朋友，也不妨为他挑选全麦或五谷面包食用。

豆类是膳食纤维的来源之一！常常煮红豆、绿豆汤，不仅美味，又含有丰富的纤维质；或是把新鲜蔬果打成含渣的果汁，让孩子们充分摄取纤维质，常常为肠道大扫除，也能更有效地吸收食物中的养分！

维持肠道健康的方法

1. 不要偏食：如果饮食习惯是长期摄取大量蛋白质与脂肪，会使得肠道老化，吸收营养的能力变差。

2. 抛开压力：有些小朋友一面临考试或上台说话，就会开始觉得肚子痛甚至拉肚子，这些都是精神压力导致肠子蠕动异常的现象。

3. 摄取足够的水分：刚起床时，空腹喝一杯温水，可以刺激肠道蠕动，帮助排便。

4. 摄取足够的膳食纤维：膳食纤维会促进有益菌生长，还会在肠内吸收水分，也能刺激肠道蠕动、帮助排便。

5. 常喝酸奶及果汁：以有益菌制造的活菌酸奶，不仅有利于排便，还能增加钙质摄取。柳橙汁也是能轻微刺激肠道蠕动的好帮手。

6. 适量的寡糖：寡糖会促进肠内有益菌生长，调整体质并增强体力。

7. 规律的运动：规律运动有助于增进身体机能，并促进肠道的活动，增加肠道的吸收功能，在放松心情的同时，食欲也会增加！

baby 消化健肠胃

热量 / 人
48 千卡

材料
2 人份

材料 ●
新鲜薄荷叶 8~10 片
柠檬草 2/3 大匙
茉莉花 1/2 大匙
热开水 500 毫升
蜂蜜 2 大匙

做法 ●
1 薄荷叶洗净，与柠檬草、茉莉花放入壶中，冲入热开水，并加盖焖泡 5 ~ 10 分钟。

2 滤出茶汤，饮用时再拌入蜂蜜即可。

营养百宝箱　柠檬草含柠檬醛成分，有助消化及健胃等功能。茉莉花可润肠通便，解腹痛、缓和胃疾。

清新香草茶

葡萄黑枣酸奶

baby 便秘拜拜

材料 ●
葡萄 20 颗
原味酸奶 180 毫升
黑枣汁 150 毫升
冷开水 80 毫升
寡糖 1 小匙
冰块 4 个

热量 / 人
175 千卡

材料
2 人份

做法 ●
葡萄洗净，与其他材料一起放入果汁机中打匀，再以网筛过滤出饮料即可。

营养百宝箱　葡萄可提高身体抗氧化力；黑枣汁则具刺激肠道蠕动的效果。寡糖可以提供肠道有益菌营养，再配合酸奶的摄取，更有助于肠道建立良好的细菌生态环境及增强免疫功能。

<料理小叮咛>
洗葡萄的方法：葡萄先用剪刀从蒂头前端剪下，以面粉水（面粉：水为 1：4）及牙刷，将表皮轻轻刷净，以冷开水再次冲净，然后摘除蒂头但不去皮，可直接放入果汁机中搅打。

baby 嗯嗯好轻松

<料理小叮咛>
热奶泡做法：取鲜奶加热约至70℃，倒入奶泡壶中，连续上下打约 60 ~ 70 下即可。

材料 ●
甘薯 200 克
鲜奶 360 毫升
热奶泡适量（可省略）

做法 ●
1 甘薯外皮洗净后放入锅中蒸熟。

2 蒸熟甘薯去皮切块状，与鲜奶放入果汁机中打匀，再倒入锅中以中小火边搅拌边加热至约70 ~ 80℃（锅边冒细泡）即熄火，倒入杯中，加入 1 匙热奶泡即可。

金薯奶茶

热量 / 人
232 千卡

材料
2 人份

营养百宝箱
甘薯所含纤维质可有效帮助肠子蠕动，常吃甘薯的小朋友，不会便秘哦！

香蕉草莓冰沙

材料 •
A 香蕉 150 克 (净重)
草莓 560 克
蔓越莓汁 100 毫升
鲜奶 60 毫升

B 香蕉丁 1/2 条
草莓 3 颗
糖粉适量

热量 / 人 244 千卡　　材料 2 人份

＞料理小叮咛

材料 B 为装饰用材料，可省略不放。

做法 •
1 将材料A中的草莓洗净去蒂，香蕉去皮切3cm段，分别装入保鲜盒中，放入冷冻室冰 4 ~ 5 小时。

2 将冷冻草莓与蔓越莓汁放入可碎冰的果汁机中打成冰沙状，再倒入杯中，并放入冷冻室冰 10 分钟。

3 将冷冻香蕉与鲜奶放入可碎冰果汁机中打成冰沙状，再倒在做法 2 的冰沙上，放上香蕉丁、洗净的草莓装饰，并利用网筛撒上糖粉即可。

营养百宝箱 • 香蕉含钾、钙、镁、烟碱酸等营养素，并含寡糖，可促进大肠中的有益菌生长，帮助软化大便，改善便秘。草莓含丰富维生素 C 及 B 族维生素，能抗氧化、增强抵抗力，还有果胶纤维可帮助消化及吸收。

营养整肠果汁

热量 / 人 64 千卡　　材料 2 人份

材料 •
苹果 100 克　　冷开水 400 毫升
鳄梨 100 克　　寡糖 2 大匙
柠檬汁 2 小匙　　冰块 4 个

做法 •
1 苹果去皮去核切块状，鳄梨切块状，淋入柠檬汁，并以汤匙搅拌均匀防止氧化变黑。

2 将所有材料放入果汁机中打匀，再倒入杯中即可。

营养百宝箱 • 苹果含果胶纤维，分解后产生半乳糖醛酸，有助于抑制肠道病菌的生长。鳄梨则富含维生素 E、蛋白质、不饱和脂肪酸、多种矿物质等，营养价值高。

聪明学习好心情

大脑只占人体重量的 2%，但是每日消耗的热量却占总体的 20%！初生婴儿原本拥有的 140 亿个脑细胞，在进入 25 岁之后只会有减无增。进入学龄期的孩子，必须有专注的精神与良好的体力以应付学校的课业，所以，应该善用大自然赋予的天然食材，积极进行脑力保健，同时帮孩子舒缓读书的精神压力！

如何增强小学生的脑力

★品质好的睡眠可增加学习力：睡眠不足会影响白天的表现，如果精神不佳，自然没办法集中注意力应付一整天的课程，长期睡眠不足甚至会影响免疫力，会影响孩子的正常发育。小学生通常要睡满 10 个小时，睡得饱、睡眠品质好，学习力才会增加。

★均衡饮食有助集中注意力：想要吃出好脑力先要重视均衡的饮食，也就是不挑食、不偏食、少油炸、多自然。吃些富含胆碱的鸡蛋，有助于提高记忆力；如果压力大无法集中精神，就摄取一些富含镁的绿色蔬菜及核果类，帮助头脑和身体放松；肾上腺在制造压力荷尔蒙时会消耗很多的维生素 C，补充维生素 C 可以帮助舒缓学习上的压力。身体里的水分不足，也会影响注意力的集中，根据医学调查，人的脑袋重量有 80% 是水，水分不足会减缓认知功能。

★早餐一定要吃：已有科学实验证实，早餐对青少年、儿童的营养健康与学习的作用是午晚餐所无法取代的。如果孩子长期不吃早餐，那么他的反应、体能、学习和健康状态等就会逐渐亮起红灯，造成生长和智力发展的障碍，在学习上会出现注意力不易集中、早上呵欠连连、对事物缺乏兴趣、无法理解和吸收老师的授课内容，甚至发生容易和同学起争执和吵架等负面行为。

★运动与游戏的启发：足够的运动可以促进大脑的发育及身体的协调性。这个时期的最佳运动，包括球类运动、游泳、远距离的登山、露营等，重点仍然要有父母的陪伴和支持，孩子才有可能培养运动的好习惯。此外，也可以试着让孩子开始接触难度较高的益智游戏，或是数目较多的拼图组合，以及需要发挥耐心和逻辑观念的立体组合游戏，这些将是继续刺激孩子发挥脑力的关键。

吃什么可以变聪明

深海鱼类、带壳海鲜、黄豆、牛奶、鸡蛋、芝麻、核桃、花生、菇蕈类、莴笋、黑木耳、银耳、竹笋、黄绿色蔬菜和番石榴、猕猴桃、鳄梨、苹果及柑橘类水果，堪称是最有补脑功效的食物。药用植物中的明日叶可增进脑神经生长，迷迭香能增强记忆力，薄荷则有增进思路清晰的作用，而桂圆、松子、核桃、桑椹、莲子则是对增强记忆力有效的中药材。

活化脑力的食物应该平均分配在每日的饮食中，建议经常食用，而非单独过量食用，当体内某种营养素过剩时，则有可能导致对健康的负面影响。

松子核桃米浆

热量 / 人	材料
470 千卡	2 人份

材料

A 松子 35 克
核桃 35 克
白芝麻 1 大匙

B 市售米浆 450 毫升
冷开水 70 毫升
红砂糖 2 小匙

做法

1 将材料 A 分别放入锅中以小火干炒至香味溢出即熄火，须注意勿焦了。

2 将做法 1 的食材与米浆、冷开水一起放入果汁机中打至稍呈颗粒状，再倒入锅中，加入红砂糖以小火边搅拌边加热至滚沸即可熄火。

营养百宝箱

松子性温，含蛋白质、B 族维生素、维生素 E，能有效提供脑部所需之营养素，有助小朋友生长发育。核桃含蛋白质、不饱和脂肪酸、维生素 E，有强化脑部发育、增进记忆力的功能。

热量 / 人	材料
351 千卡	3 人份

腰果豆浆

材料

莲子 60 克
熟腰果 15 颗
黑芝麻粉 2 大匙
豆浆 800 毫升

做法

1 莲子洗净，放入锅中煮熟。

2 将所有材料放入果汁机中打至腰果稍呈颗粒状，再倒入锅中，以中小火边搅拌边加热至滚沸即可熄火。

营养百宝箱

莲子含铁、锌、镁、磷等，可解烦闷情绪及安定心神。腰果含维生素 E、不饱和脂肪酸，具健脑功效。豆浆含蛋白质、卵磷脂等，而卵磷脂在体内会产生乙酰胆碱，能增强脑细胞活力。

苹果精力汤

材料

热量／人 250 千卡	材料 2 人份

A 核桃 25 克　　圆白菜 80 克
海带芽 6 克　　菠萝 160 克
苜蓿芽 30 克　　苹果 120 克

B 葡萄干 2 大匙
啤酒酵母粉 2 小匙
蜂蜜 20 毫升
冷开水 350 毫升
冰块少许

做法

1 核桃放入锅中以小火干炒至香味溢出即熄火，须注意勿焦了。

2 海带芽泡水 10 分钟后，放入滚水中汆烫约 20 秒，捞起待凉后切段。苜蓿芽洗净后沥干，圆白菜洗净切小块状，菠萝切小片，苹果去皮去核切块备用。

3 将所有材料 A、B 放入果汁机中打匀，倒入杯中即可。

营养百宝箱　核桃含蛋白质、不饱和脂肪酸、维生素 E，有助脑部发育、增进记忆。圆白菜含维生素 C 等，有增进记忆力与醒脑功效。啤酒酵母粉含 B 族维生素、蛋白质，能预防记忆力衰退。

桑椹梅酸奶

材料

冷冻桑椹 200 克
紫苏梅 6 个
原味酸奶 300 毫升
寡糖 2 小匙
冰块 4 个

热量／人 169 千卡	材料 2 人份

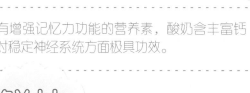

baby 稳定神经系统

做法　紫苏梅去籽后对切，和其他材料一起放入果汁机中打匀，倒入杯中即可。

营养百宝箱　桑椹有增强记忆力功能的营养素，酸奶含丰富钙质，对稳定神经系统方面极具功效。

鲜柚多多绿

热量／人 125 千卡	材料 2 人份

材料

A 绿茶包 1 包
热开水 100 毫升

baby 提神抗压

B 葡萄柚汁 100 毫升
柠檬汁 1 小匙
养乐多 2 罐
寡糖 20 毫升

做法　将绿茶包放入杯中，冲入热开水，泡约 3 分钟即取出茶包，茶汤待凉后，与材料 B 一起倒入雪克杯中，上下摇匀至杯身呈雾状，再倒入杯中即可。

营养百宝箱　绿茶含儿茶素、绿茶多酚，能抗菌、醒脑、吸收活性氧并抗氧化。葡萄柚汁能醒脑提神、净化心神，并有助于抗压。

保护眼睛好视力

视力是影响小朋友学习状态的重要因素之一，学龄前至 10 岁以前，是孩子视力发育最重要的期间，所以视力保健一定要从小做起。而小学阶段眼睛最常出现的问题是"斜弱视、远视、近视"，所以从小就要让孩子定期检查眼睛，若 8 岁前没有把眼睛问题矫正好，就会错过治疗的黄金期。

小学生的眼睛问题

★斜弱视：幼儿在视力发育阶段，因眼球肌肉不协调，导致两眼视轴不正，有偏内、偏外等情形，极可能造成斜视；若两眼的近视或远视度数相距太大，大脑神经会压抑度数较深的一眼（即影像较模糊的眼睛）发育，使得这只眼睛所受的视觉刺激不足，导致弱视。斜弱视都不易在生活中察觉，必须经由定期眼睛检查，及早发现及早矫正。

★远视：远视是"先天性眼睛发育不全"所造成。孩子在成长初期因眼球细小、眼轴较短，所以是远视，但 3 岁之后眼球发育逐渐完全，远视会自然消失。但因为小朋友拥有很强的眼睫肌调节力，因而不容易察觉患有远视，建议定期做眼睛检查，若 3 岁之后远视仍有300 ～ 400 度，已超过小朋友自行调节为正常视力的范围，必要时需配戴眼镜矫正。孩子若长期患有远视却没有适时矫正，使得脑部持续接收"模糊影像"，会造成视觉中枢发育不完全，导致弱视。若高度远视，使得眼球因用力调节而向内靠拢，便会造成斗鸡眼（内斜视）。

★近视：近视的原因有很多，例如爸爸妈妈如果有高度近视的话，小孩子也比较容易近视，但是潜在的遗传性原因，可以通过后天养成良好的习惯而受到控制。除了先天性近视，生活环境狭小、长期近距离地使用眼睛（如让孩子从很小就开始接触电脑等近距离的活动）、用眼习惯不佳（如在昏暗的光线下或趴在桌子上看书、用眼时间太长却没有适当的休息），都是患上近视的帮凶。

如何察觉孩子眼睛不健康

爸爸妈妈必须留意孩子所发出的各种信号，来观察孩子的眼睛发育，例如孩子经常会说看到的物体很模糊或是有叠影，或是头痛、头晕想吐，这都是眼睛出现问题的征兆，或是出现以下的情形，都必须尽快就医检查。

★动作：经常眨眼、用手揉眼睛，看东西时会眯着眼睛、常常将头往前倾，或是看书的距离很近，或者近距离看东西看不清楚。

★外观：有斗鸡眼，也就是斜视；眼皮肿胀、眼周呈现红色；眼睛充满泪水。

baby 消除眼睛疲劳

热量/人 160 千卡	材料 2 人份

材料
- 胡萝卜 250 克
- 菠萝 250 克 (净重)
- 西芹 40 克
- 蜂蜜 1.5 大匙
- 柠檬汁 1 大匙
- 冷开水 220 毫升
- 冰块 4 个

做法
1 胡萝卜去皮切片状，菠萝、西芹切块。

2 将所有材料放入果汁机中打匀，以网筛过滤，倒入杯中即可。

营养百宝箱
菠萝含维生素 C、叶酸、钙、镁等，其中维生素 C 及叶酸可增强眼睛的功能。胡萝卜含胡萝卜素、锌等，胡萝卜素可在体内转换成维生素 A，能保护及维持好的视力。

baby 保护灵魂之窗

热量/人 114 千卡	材料 1 人份

材料
- 苹果 60 克
- 蓝莓 10 颗
- 草莓 3 颗
- 蓝莓汁 120 毫升
- 冷开水 50 毫升
- 冰块 3 个

做法
1 苹果去皮去核切块状，草莓洗净去蒂后对切。

2 将所有材料放入果汁机打匀，倒入杯中即可。

营养百宝箱
蓝莓具有优异的抗自由基功能，对视网膜血管的健康极有益处，特别是花青素，对于预防各种眼疾，扮演着非常重要的角色。

胡萝卜
菠萝西芹汁

蓝莓
护眼汁

香菊爱玉蜜饮

baby 改善视力

热量 / 人 68 千卡

材料 2 人份

材料

A 菊花 2 克、决明子（买炒过的）10 克、热开水 250 毫升

B 柠檬汁 20 毫升、蜂蜜 2 大匙、冷开水 70 毫升、冰块 4 个

C 市售爱玉 1.5 盒

做法

1 将菊花、决明子放入杯中，冲入热开水焖泡约 10 分钟，滤出茶汤待凉后，与材料 B 拌匀。

2 爱玉切丁状，放入杯中即可。

营养百宝箱 菊花具清凉、解毒、保护眼睛的功效。决明子可清肝明目，有助于改善视力。

桂圆枸杞茶

热量 / 人 133 千卡

材料 2 人份

材料

桂圆 25 克
枸杞 25 克
无籽红枣 8 颗
红糖 12 克
水 650 毫升

做法

水煮滚，放入桂圆、红枣、红糖，并搅拌至糖融化，转小火煮约 8 分钟即熄火，放入枸杞加盖焖泡约 5 ~ 10 分钟，再倒入杯中即可。

营养百宝箱 枸杞所含的各种维生素、亚麻油酸及必需氨基酸等，可促进体内新陈代谢，并能消除眼部干涩，帮助眼睛明亮、清晰。

baby 眼睛不干涩

热量 / 人 150 千卡

材料 3 人份

材料

A 薏仁 20 克
山药 80 克
盐少许

B 市售糙米浆 300 毫升
冷开水 280 毫升
夏威夷果仁 5 颗

C 红糖 15 克

做法

1 薏仁洗净，以 60 毫升的水浸泡 4 小时，再放入锅中煮熟，取出待凉备用。

2 将山药去皮切块状，均匀抹上盐后放入锅中蒸熟，取出待凉备用。

3 将做法 1、做法 2 做好的食材与材料 B 放入果汁机中打匀，再倒入锅中以中小火边搅拌边加热，加入红糖拌匀至滚沸即可熄火。

营养百宝箱 糙米浆含丰富烟碱酸、B 族维生素等复合性营养素，补眼护目功能佳。

山药薏仁糙米浆

baby 补眼护目

强化骨骼转大人

学龄期是骨骼发育的关键期，此阶段的孩子每年平均身高能增加5～7厘米，他们在成长，同时也开始换牙，所以补充钙质也就显得非常重要，应适时为他们补充含钙、磷、镁等有益骨骼生长的食物，帮助孩子们长高、强壮骨骼，维持孩子的正常发育。

长的像大树一样

★钙质有多重要

西方的小孩长得比较高，和他们习惯喝乳制品有很大的关联。乳制品含有丰富的维生素、钙质与蛋白质，对孩子的健康成长好处多多；特别是钙质，它不只与骨骼、牙齿的生长有关，其实还会影响全身的神经传导、细胞信息传递等系统。学龄期的小朋友多补充钙质，有助于让骨骼、内脏及神经系统的发育达到最佳状态、让骨骼强壮。在补充钙质的同时，最好适量补充维生素D，有利于身体对钙的吸收和利用。

★多运动，长得高

适量的负重运动如步行、爬楼梯、举哑铃及跳舞等，能强化骨骼代谢、维持骨质密度；而像球类运动、骑自行车及游泳，则能增加身体的灵活度及平衡感。此外，适当晒太阳也可以促进维生素D的合成，帮助钙质在肠道内的吸收。

拥有洁白干净的牙齿

学龄期的孩子正值换牙阶段，会同时拥有乳齿与恒齿。参差不齐的齿列、加上齿间缝隙比较大，如果不特别注意孩子的刷牙习惯，很容易产生蛀牙。除了勤刷牙，十岁以上的孩子如果在控制吞咽上没有问题，不妨为他们选用含氟的牙膏，以有效抑制牙菌斑、减少蛀牙；倘若乳牙的蛀蚀严重，换牙后还容易产生齿列不整齐与咬合不正的问题，如暴牙、倒咬、虎牙、开咬等，需要及早接受检查与治疗。另外，维生素C、维生素D、钙、氟，都能有助于牙齿的健康发展。

正确的刷牙方式

Step1 牙刷的刷毛与牙齿成45度角、将刷毛尖端放在牙龈与牙齿的交接处，轻压横向来回刷15次，每次只刷两三颗牙齿。

Step2 刷牙时最好有一定的次序，先刷完外面，再刷里面。

Step3 在原位刷动：上排牙齿要由上往下、呈半旋转弧度往外侧刷动，约5次（下排牙齿则由下往上刷）。

Step4 将刷毛垂直放入咬合面的凹沟，来回或画圆刷动5次。

热量 / 人 120 千卡

材料 2 人份

哈密瓜 冰奶

材料
- 哈密瓜 440 克
- 全脂鲜奶 120 毫升
- 冷开水 120 毫升
- 寡糖 2 小匙
- 冰块 4 个

做法
1. 哈密瓜切块状；鲜奶倒入奶泡壶中，盖好盖子放置冷藏 30 分钟以上备用。
2. 哈密瓜块与冷开水、寡糖、冰块一起放入果汁机中打匀，倒入杯中约 6 分满。
3. 将奶泡壶取出，连续上下打约 60 ~ 70 下，以汤匙舀出奶泡置于做法 2 的杯中至 9 分满即可。

营养百宝箱
哈密瓜含钙、磷、维生素 A、维生素 B、维生素 C、果胶纤维，除了可促进新陈代谢，其中富含的矿物质皆与骨骼生长有关。此饮品可强化骨骼细胞，对骨骼及牙齿的生长有帮助。

<料理小叮咛>

* 哈密瓜须选较熟的，甜度比较高，如甜度不够时，可酌量增加寡糖分量。
* 如果没有奶泡壶，可用冲茶器代替，但效果没有奶泡壶好。

热量 / 人 287 千卡

材料 2 人份

珍珠薄荷 绿茶

材料
- 茉莉绿茶包 1 包
- 新鲜薄荷叶 10 片
- 粉圆适量
- 蜂蜜 30 毫升
- 热开水 300 毫升
- 冰块 8 个

做法
1. 绿茶包及薄荷叶放入杯中，冲入热开水，加盖焖泡约 3 分钟即捞除茶包及薄荷叶，茶汤待凉备用。
2. 将冷却茶汤、蜂蜜、冰块一起放入雪克杯中，盖好盖子上下摇匀至杯身呈雾状，倒入杯中，放入粉圆即可。

营养百宝箱

绿茶含有氟化物，可与牙齿中的磷灰石结合，增加珐琅质的硬度，产生抗酸防蛀牙的良好效力。薄荷是一种杀菌力强的香草植物，具良好的消炎作用，经常被用作漱口水的材料，且能有效舒缓牙龈发炎，减少口腔细菌滋生。

<料理小叮咛>

粉圆的煮法：备一锅水（水量为粉圆的 6 ~ 8 倍）以大火滚开，放入 100 克粉圆以打蛋器持续搅拌至浮起，转中火每隔 3 ~ 5 分钟搅拌 1 次（避免黏锅），以放入粉圆起煮约 25 分钟即熄火，盖上锅盖焖约 25 分钟，捞起以冷水持续冲至完全凉，沥干后与 40 毫升蜂蜜拌匀，放置 15 分钟使其入味。

香栗南瓜牛奶

<料理小叮咛>
家中如果没有微波炉，可倒入锅中，以中小火边搅拌边加热至温热即可。

热量 / 人	材料
342 千卡	2 人份

材料
- 糖炒栗子 170 克 (去壳后重量)
  南瓜籽 15 克
  鲜奶 400 毫升

做法
- 1 将所有材料放入果汁机中打匀，倒入杯中置入微波炉。
- 2 放进微波炉微波加热约 45 秒 ~ 1 分钟即可享用。

营养百宝箱
- 栗子含钙、镁、磷、铁、锌、钾、维生素 E、碳水化合物。南瓜籽可补充天然镁、维生素 E 及烟碱酸。此饮品中的蛋白质、钙、镁、磷、锌，是强健骨骼及牙齿最需要的营养素。

热量 / 人	材料
211 千卡	3 人份

紫米红豆羊奶

材料
- A 紫米 20 克、糯米 10 克、红豆 20 克
- B 羊奶 520 毫升、红糖 30 克

做法
- 1 将材料 A 混合洗净，以 130 毫升的水浸泡 4 小时后，放入锅中 (锅中放入适量的水) 煮熟，取出待凉备用。
- 2 做法 1 的材料与羊奶一起放入果汁机中打匀，再倒入锅中以中小火边搅拌边加热，加入红糖搅拌至滚沸即可熄火。

营养百宝箱
- 紫米有 "米中极品" 之称，含丰富蛋白质、色氨酸及锌等人体所需微量元素。红豆含钙、镁、锌、维生素 B$_6$，不但是细胞新陈代谢的必需元素，更是构成骨骼发展的重要因素。

紫山药豆奶

热量/人
170 千卡

材料
2 人份

材料 · 紫山药 160 克
豆浆 350 毫升
盐少许

做法 · 1 将紫山药去皮切块状，以盐稍抹均匀后，放入锅中蒸熟，取出待凉。

2 再与豆浆放入果汁机中打匀，倒入锅中边搅拌边加热至略滚即可熄火。

营养百宝箱 紫山药营养充足，含维生素 B、维生素 C、维生素 K、糖类及丰富的蛋白质，其天然植物性荷尔蒙有助青春期的发育。豆浆含丰富烟碱酸及寡糖，可以改善肠道功能，而大豆中的异黄酮与女性荷尔蒙相似，可缓和女孩们青春期的不良情绪。

黑樱桃奶

baby 健康好气色

热量/人
367 千卡

材料
1 人份

材料 · A 新鲜黑樱桃 280 克
冷开水 50 毫升

B 全脂鲜奶 250 毫升
寡糖 1 小匙
冰块 3 个

做法 1 取 100 毫升鲜奶倒入奶泡壶中，盖好盖子放置冷藏 30 分钟以上，备用。

2 樱桃洗净去梗去籽，取 120 克放入果汁机中，加入冷开水打成稍带果粒状，取约 20 毫升备用，其余倒入杯中。

3 将剩余樱桃、剩余鲜奶与其他材料 B 一起放入果汁机中打匀，慢慢倒入做法 2 的杯子中。

4 将做法 1 的奶泡壶取出，连续上下打约 60 ~ 70 下，以汤匙舀入适量奶泡于做法 3 的杯中约 9 分满，淋上做法 2 预留的樱桃果粒汁即完成。

<料理小叮咛>

鲜奶泡的制作可省略，直接将所有鲜奶放入果汁机中拌打。保留的樱桃果粒汁主要为装饰用，亦可省略，直接全部倒入杯中。

营养百宝箱 樱桃含膳食纤维、花青素、铁、维生素 C，对身体排泄毒物与抗氧化具有相当强的功效，也有通便的功能，是公认的超级抗氧化食物。

图书在版编目（CIP）数据

为孩子做健康饮品 / 王安琪，吴佩禧，陈巧明著. --

南京：江苏美术出版社, 2013.3
（健康事典）

ISBN ISBN 978-7- 5344-5773-9

Ⅰ.①为… Ⅱ.①王…②吴…③陈… Ⅲ.①婴幼儿

－健康饮料－制作 Ⅳ.①TS275.4

中国版本图书馆CIP数据核字(2013)第058798号

原书名：喝出好体质 宝贝的健康成长饮品　作者：王安琪，吴佩禧， 陈巧明
本书中文简体版权由台湾邦联文化事业有限公司正式授予北京凤凰千高原文化
传播有限公司。本书内容未经出版者书面许可，不得以任何方式或任何手段复
制、转载或刊登。

著作权合同登记号：图字10-2012-588

出 品 人　周海歌

策划编辑　张冬霞
责任编辑　张冬霞
　　　　　　龚　婷
装帧设计　艺　尚
责任监印　朱晓燕

出版发行　凤凰出版传媒股份有限公司
　　　　　　江苏美术出版社（南京市中央路165号　邮编：210009）
　　　　　　北京凤凰千高原文化传播有限公司
出版社网址　http://www.jsmscbs.com.cn
经　　销　全国新华书店
印　　刷　深圳市彩之欣印刷有限公司
开　　本　787×1092　1/16
印　　张　5.5
版　　次　2013年5月第1版　2013年5月第1次印刷
标准书号　ISBN 978-7- 5344-5773-9
定　　价　25.00元

营销部电话　010-64215835　64216532
江苏美术出版社图书凡印装错误可向承印厂调换　电话：010-64216532

凤凰千高原

征稿 Contribution Invited

也许您是热爱烹饪美食、追寻美食文化的实践者，也许您是醉心于家居生活、情趣手工的小行家，也许您正好愿意把自己热爱与醉心之事诉诸于笔端、跃然于纸上，和您的每一位读者或粉丝分享，那么，我们非常希望给您提供一方"用武之地"，将您的创意、您的文字或图片以图书形式完美体现。想象一下吧，也许您的加入正是我们携手为读者打造好书的契机，正是我们互相持续带给对方惊喜的源头，那您还犹豫什么呢？快联络我们吧！

凤凰出版传媒集团　江苏美术出版社

北京凤凰千高原文化传播有限公司

地址：北京市朝阳区东土城路甲六号金泰五环写字楼五层

邮政编码：100013

电话：（010）64219772-4

传真：（010）64219381

QQ：67125181

E-mail：bifhqgy@126.com

您的资料（请填写清楚以方便我们寄书讯给您）

姓名：_____ 性别：□男 □女 生日：_____

职业：_____ E-mail：_____

地址：_____

_____

电话：_____

读 者 回 函

感谢您购买本出版社出版的图书，为了更贴近读者的阅读需求，出版您喜欢的图书，在此烦请您详细填写回函，我们将不定时为您提供最新出版信息及优惠活动通知。如果您需要问卷的电子版或您有任何宝贵的建议，欢迎您通过我们的官方微博http://e.weibo.com/qiangaoyuan和邮箱bjfhqgy@126.com联络我们，您的肯定与鼓励，将使我们更加努力！

您购买了 **为孩子做健康饮品**

1. 您在什么地方看到了这本书的信息？

   □便利商店 _____ □书店 □朋友推荐

   □网络书店（哪家网站：_____）□看报纸（哪家报纸：_____）

   □听广播（哪个好电台：_____）□看电视（哪个好节目：_____）

   □其他 _____

2. 这本书什么地方吸引了您，让您愿意掏钱来买呢？（可复选）

   □主题刚好是您需要的 □您是我们的忠实读者 □有材料照片

   □有烹调过程图 □书中好多饮品是您想学的 □除了饮品做法还有许多实用资料 □照片拍得很漂亮

   □您喜欢这本书的版式风格设计 □其他

3. 您照着本书的配方试做之后，烹调的结果如何呢？

   □还没有时间下厨 □描述详细能完全照着做出来

   □有的地方不够清楚，例如 _____

   □很好吃，您最喜欢的饮品是 _____

   □不是您喜欢的味道，这些饮品是 _____

4. 何种主题的烹调食谱书，是您想要在便利商店买到的？

   □省钱料理，1道菜大约花 _____元 □快速上菜，1道菜大约花 _____分钟

   □吃了会健康 □吃了变漂亮 □好吃又能瘦 □季节性料理

   □简单制作的点心，例如 _____

   □单一主题料理，例如 _____

   □其他我们没有为您想到的，例如 _____

5. 下列主题哪些是您很有兴趣购买的呢？（可复选）

   □中式家常菜 □地方菜（如川菜、上海菜） □西餐 □日本料理 □电锅菜 □小火锅 □烹调秘笈

   □咖啡 □烘焙 □小朋友营养饮食

   □减肥食谱 □美肤瘦脸食谱 □其他，主题如 _____

   _____

6. 如果作者是知名老师或饭店主厨，或是有名人推荐，会让您更想购买吗？

   □ A.会，哪一位对您有吸引力 _____

   □ B.不会，因为您更重视的是 _____

7. 您认为本书还有什么不足之处？如果您对本书有任何建议或意见，请一定告诉我们，我们会努力做得更好！

   _____